Свободная алгебра со счётным базисом

Александр Клейн

Aleks_Kleyn@MailAPS.org
http://AleksKleyn.dyndns-home.com:4080/
http://sites.google.com/site/AleksKleyn/
http://arxiv.org/a/kleyn_a_1
http://AleksKleyn.blogspot.com/

Аннотация. В книге рассматривается структура D-модуля, который имеет счётный базис. Если нас не интересует топология D-модуля, то мы рассматриваем базис Гамеля. Если норма определена в D-модуле, то мы рассматриваем базис Шаудера. В случае базиса Шаудера, мы рассматриваем векторы, разложение которых относительно базиса сходится нормально.

Copyright © 2013 Александр Клейн

All rights reserved.

ISBN: 1491059834

ISBN-13: 978-1491059838

Оглавление

Глава 1. Предисловие 5
  1.1. Предисловие 5
  1.2. Соглашения 5

Глава 2. Базис Гамеля 7
  2.1. Модуль 7
  2.2. Алгебра над кольцом 12
  2.3. D-алгебра с базисом Гамеля 14

Глава 3. Базис Шаудера 19
  3.1. Топологическое кольцо 19
  3.2. Нормированная D-алгебра 22
  3.3. Нормированный D-модуль $\mathcal{L}(D; A_1; A_2)$ 24
  3.4. Нормированный D-модуль $\mathcal{L}(D; A_1, ..., A_n; A)$ 30
  3.5. D-алгебра с базисом Шаудера 39

Глава 4. Список литературы 49

Глава 5. Предметный указатель 51

Глава 6. Специальные символы и обозначения 52

Глава 1

Предисловие

1.1. Предисловие

Пусть D - коммутативное кольцо характеристики 0. В этой книге я рассматриваю свободный D-модуль, который имеет счётный базис. Отличие счётного базиса от конечного состоит в том, что не любая линейная композиция векторов имеет смысл.

Чтобы пояснить это утверждение, предположим, что D-модуль A со счётным базисом $\bar{\bar{e}}$ является нормированным D-модулем. Если отказаться от требования, что разложение
$$a = a^i e_i$$
вектора a относительно базиса $\bar{\bar{e}}$ является сходящимся рядом, то мы разрушаем топологию, порождённую нормой. Если норма в D-модуле не определена, то у нас нет инструмента, позволяющего отождествить вектор и его разложение относительно базиса, если все коэффициенты отличны от 0.

Поэтому, если D-модуль имеет счётный базис, то мы рассматриваем две возможности. Если нас не интересует топология D-модуля, то мы рассматриваем базис Гамеля (определение 2.3.1). Если норма определена в D-модуле, то мы рассматриваем базис Шаудера (определение 3.5.1).

Однако в случае базиса Шаудера, требование сходимости разложения вектора относительно базиса не всегда достаточно. При изучении линейного отображения мы рассматриваем векторы, разложение которых относительно базиса сходится нормально.

1.2. Соглашения

Соглашение 1.2.1. *В выражении вида*
$$a_{s \cdot 0} x a_{s \cdot 1}$$
предполагается сумма по индексу s. □

Соглашение 1.2.2. *Пусть A - свободная алгебра с конечным или счётным базисом. При разложении элемента алгебры A относительно базиса $\bar{\bar{e}}$ мы пользуемся одной и той же корневой буквой для обозначения этого элемента и его координат. В выражении a^2 не ясно - это компонента разложения элемента a относительно базиса или это операция возведения в степень. Для облегчения чтения текста мы будем индекс элемента алгебры выделять цветом. Например,*
$$a = a^i e_i$$

Без сомнения, у читателя могут быть вопросы, замечания, возражения. Я буду признателен любому отзыву.

Глава 2

Базис Гамеля

2.1. Модуль

Теорема 2.1.1. *Пусть кольцо D имеет единицу e. Представление*[2.1]

(2.1.1) $$f: D \dashrightarrow A$$

кольца D в абелевой группе A **эффективно** *тогда и только тогда, когда из равенства $f(a) = 0$ следует $a = 0$.*

Доказательство. Сумма преобразований f и g абелевой группы определяется согласно правилу
$$(f + g) \circ a = f \circ a + g \circ a$$
Поэтому, рассматривая представление кольца D в абелевой группе A, мы полагаем
$$f(a + b) \circ x = f(a) \circ x + f(b) \circ x$$
Произведение преобразований представления определено согласно правилу
$$f(ab) = f(a) \circ f(b)$$

Если $a, b \in R$ порождают одно и то же преобразование, то

(2.1.2) $$f(a) \circ m = f(b) \circ m$$

для любого $m \in A$. Из равенства (2.1.2) следует, что $a - b$ порождает нулевое преобразование
$$f(a - b) \circ m = 0$$
Элемент $e + a - b$ порождает тождественное преобразование. Следовательно, представление f эффективно тогда и только тогда, когда $a = b$. □

Определение 2.1.2. Пусть D - коммутативное кольцо. Эффективное представление кольца D в абелевой группе A называется **модулем над кольцом D** или **D-модулем**. □

Теорема 2.1.3. *Элементы D-модуля A удовлетворяют соотношениям:*
- **закону ассоциативности**

(2.1.3) $$(ab) \circ m = a \circ (b \circ m)$$

[2.1]Этот подраздел написан на основе раздела [7]-3.1.

- **закону дистрибутивности**

(2.1.4) $$a \circ (m + n) = a \circ m + a \circ n$$
(2.1.5) $$(a + b) \circ m = am + bm$$

- **закону унитарности**

(2.1.6) $$1m = m$$

для любых $a, b \in D$, $m, n \in A$.

Доказательство. Равенство (2.1.4) следует из утверждения, что преобразование a является эндоморфизмом абелевой группы. Равенство (2.1.5) следует из утверждения, что представление является гомоморфизмом аддитивной группы кольца D. Равенства (2.1.3) и (2.1.6) следуют из утверждения, что представление кольца D является представлением мультипликативной группы кольца D. □

Векторы a_i, $i \in I$, D-модуля A **линейно независимы**[2.2], если $c = 0$ следует из уравнения
$$c^i a_i = 0$$
В противном случае, векторы a_i, $i \in I$, **линейно зависимы**.

Определение 2.1.4. Множество векторов $\overline{\overline{e}} = (e_i, i \in I)$ - **базис D-модуля**, если векторы e_i линейно независимы и добавление любого вектора к этой системе делает эту систему линейно зависимой. A - **свободный модуль над кольцом** D, если A имеет базис над кольцом D.[2.3] □

Следующее определение является следствием определений 2.1.2 и [6]-2.2.2.

Определение 2.1.5. Пусть A_1 и A_2 - модули над кольцом D. Морфизм
$$f : A_1 \to A_2$$
представления кольца D в абелевой группе A_1 в представление кольца D в абелевой группе A_2 называется **линейным отображением D-модуля A_1 в D-модуль A_2**. □

Теорема 2.1.6. *Линейное отображение*
$$f : A_1 \to A_2$$
D-модуля A_1 в D-модуль A_2 удовлетворяет равенствам[2.4]

(2.1.7) $$f \circ (a + b) = f \circ a + f \circ b$$
(2.1.8) $$f \circ (pa) = p(f \circ a)$$

$$a, b \in A_1 \quad p \in D$$

[2.2] Я следую определению в [2], с. 100.

[2.3] Я следую определению в [2], с. 103.

[2.4] В некоторых книгах (например, [2], с. 94) теорема 2.1.6 рассматривается как определение.

Доказательство. Из определения 2.1.5 и теоремы [6]-2.2.18 следует, что отображение g является гомоморфизмом абелевой группы A_1 в абелеву группу A_2 (равенство (2.1.7)). Равенство (2.1.8) следует из равенства [6]-(2.2.45). □

Теорема 2.1.7. *Пусть A_1 и A_2 - модули над кольцом D. Множество $\mathcal{L}(D; A_1; A_2)$ является абелевой группой относительно закона композиции*

$$(2.1.9) \qquad (f+g) \circ x = f \circ x + g \circ x$$

который называется **суммой линейных отображений**.

Доказательство. Согласно определению 2.1.5

$$\begin{aligned}
(f+g) \circ (a+b) &= f \circ (a+b) + g \circ (a+b) \\
&= f \circ a + f \circ b + g \circ a + g \circ b \\
&= (f+g) \circ a + (f+g) \circ b \\
(f+g) \circ (da) &= f \circ (da) + g \circ (da) \\
&= df \circ a + dg \circ a \\
&= d(f+g) \circ a
\end{aligned}$$

Слудовательно, отображение, определённое равенством (2.1.9), является линейным отображением D-модуля A_1 в D-модуль A_2. Коммутативность и ассоциативность сложения следует из равенств

$$\begin{aligned}
(f+g) \circ a &= f \circ a + g \circ a = g \circ a + f \circ a \\
&= (g+f) \circ a \\
((f+g)+h) \circ a &= (f+g) \circ a + h \circ a = (f \circ a + g \circ a) + h \circ a \\
&= f \circ a + (g \circ a + h \circ a) = f \circ a + (g+h) \circ a \\
&= (f+(g+h)) \circ a
\end{aligned}$$

Определим отображение $0 \circ x = 0$. Очевидно, $0 \in \mathcal{L}(D; A_1; A_2)$. Из равенства

$$(0+f) \circ x = 0 \circ x + f \circ x = 0 + f \circ x = f \circ x$$

следует

$$0 + f = f$$

Определим отображение

$$(-f) \circ x = -(f \circ x)$$

Очевидно, $-f \in \mathcal{L}(D; A_1; A_2)$. Из равенства

$$((-f)+f) \circ x = (-f) \circ x + f \circ x = (-(f \circ x)) + f \circ x = 0 = 0 \circ x$$

следует

$$(-f) + f = 0$$

Следовательно, множество $\mathcal{L}(D; A_1; A_2)$ является абелевой группой. □

Теорема 2.1.8. *Пусть A_1 и A_2 - модули над кольцом D. Представление кольца D в абелевой группе $\mathcal{L}(D; A_1; A_2)$, определённое равенством*

$$(2.1.10) \qquad (df) \circ x = d(f \circ x)$$

называется **произведением отображения на скаляр**. *Это представление порождает структуру D-модуля в абелевой группе $\mathcal{L}(D; A_1; A_2)$.*

Доказательство. Из равенств

$$(df) \circ (d_1 a) = d(f \circ (d_1 a)) = d_1(d(f \circ a)) = d_1((df) \circ a)$$
$$(df) \circ (a_1 + a_2) = d(f \circ (a_1 + a_2)) = d(f \circ a_1 + f \circ a_2)$$
$$= d(f \circ a_1) + d(f \circ a_2) = (df) \circ a_1 + (df) \circ a_2$$

следует, что отображение

$$(2.1.11) \qquad f \to df$$

является преобразованием множества $\mathcal{L}(D; A_1; A_2)$. Из равенства

$$(d(f + g)) \circ a = d((f + g) \circ a) = d(f \circ a + g \circ a)$$
$$= d(f \circ a) + d(g \circ a) = (df) \circ a + (dg) \circ a$$

следует, что отображение (2.1.11) является гомоморфизмом абелевой группы $\mathcal{L}(D; A_1; A_2)$. Согласно определению [7]-3.1.2, абелева группа $\mathcal{L}(D; A_1; A_2)$ является D-модулем. □

Определение 2.1.9. *Пусть A - D-модуль. D-модуль $A' = \mathcal{L}(D; A; D)$ называется* **сопряжённым D-модулем**. □

Согласно определению 2.1.9, элементы сопряжённого D-модуля являются D-линейными отображениями

$$(2.1.12) \qquad f : A \to D$$

D-линейное отображение (2.1.12) называется **линейным функционалом** на D-модуле A или просто **D-линейным функционалом**.

Теорема 2.1.10. *Пусть $\overline{\overline{e}} = (e_i \in A, i \in I)$ - базис D-модуля A. Пусть A' - D-модуль, сопряжённый D-модулю A. Множество векторов $\overline{\overline{e}} = (e^i \in A', i \in I)$ такое, что*

$$(2.1.13) \qquad e^i \circ e_j = \delta^i_j$$

является базисом D-модуля A'.

Доказательство. Из равенства (2.1.13) следует, что

$$(2.1.14) \qquad e^i \circ a = e^i \circ (a^j e_j) = a^j (e^i \circ e_j) = a^j \delta^i_j = a^i$$

Пусть

$$f : A \to D$$

линейное отображение. Тогда

$$(2.1.15) \qquad f \circ a = f \circ (a^i e_i) = a^i (f \circ e_i) = a^i f_i$$

где $f_i = f \circ e_i$ Из равенств (2.1.14), (2.1.15) следует, что

(2.1.16) $$f \circ a = f_i(e^i \circ a)$$

Согласно определениям (2.1.9), (2.1.10)

$$f = f_i e^i$$

Следовательно, множество $\overline{\overline{e}} = (e^i \in A', i \in I)$ является базисом D-модуля A'. $\square$

Следствие 2.1.11. *Пусть $\overline{\overline{e}} = (e_i \in A, i \in I)$ - базис D-модуля A. Тогда*

$$a^i = e^i \circ a$$

$\square$

Базис $\overline{\overline{e}} = (e^i \in A', i \in I)$ называется **базисом, двойственным базису** $\overline{\overline{e}} = (e_i \in A, i \in I)$.

Теорема 2.1.12. *Пусть $\overline{\overline{e}}_1 = (e_{1 \cdot i} \in A_1, i \in I)$ - базис D-модуля A_1. Пусть $\overline{\overline{e}}_2 = (e_{2 \cdot j} \in A_2, j \in J)$ - базис D-модуля A_2. Множество векторов $(e_1^i, e_{2 \cdot j})$, $i \in I$, $j \in J$, определённых равенством*

(2.1.17) $$(e_1^i, e_{2 \cdot j}) \circ a = (e_1^i \circ a) e_{2 \cdot j}$$

является базисом D-модуля $\mathcal{L}(D; A_1; A_2)$.

Доказательство. Пусть

$$f : A_1 \to A_2$$

отображение D-модуля A_1 с базисом $\overline{\overline{e}}_1$ в D-модуль A_2 с базисом $\overline{\overline{e}}_2$. Пусть $a \in A_1$, $a = a^i e_{1 \cdot i}$. Согласно следствию 2.1.11

(2.1.18) $$f \circ a = f \circ (a^i e_{1 \cdot i}) = a^i(f \circ e_{1 \cdot i}) = (e_1^i \circ a)(f \circ e_{1 \cdot i})$$

Так как $f \circ e_{1 \cdot i} \in A_2$, то из равенства (2.1.18) следует

(2.1.19) $$f \circ a = (e_1^i \circ a) f_i^j e_{2 \cdot j}$$

Из равенств (2.1.17), (2.1.19) следует

$$f \circ a = f_i^j (e_1^i, e_{2 \cdot j}) \circ a$$

Следовательно,

$$f = f_i^j (e_1^i, e_{2 \cdot j})$$

Так как отображения (2.1.17) линейно независимы, то множество этих отображений является базисом. $\square$

Определение 2.1.13. Пусть D - коммутативное кольцо. Пусть $A_1, ..., A_n$, S - D-модули. Мы будем называть отображение

$$f : A_1 \times ... \times A_n \to S$$

полилинейным отображением модулей $A_1, ..., A_n$ в модуль S, если
$$f \circ (a_1, ..., a_i + b_i, ..., a_n) = f \circ (a_1, ..., a_i, ..., a_n) + f \circ (a_1, ..., b_i, ..., a_n)$$
$$f \circ (a_1, ..., pa_i, ..., a_n) = pf \circ (a_1, ..., a_i, ..., a_n)$$
$$1 \le i \le n \quad a_i, b_i \in A_i \quad p \in D$$
□

2.2. Алгебра над кольцом

Определение 2.2.1. Пусть D - коммутативное кольцо.[2.5] A - **алгебра над кольцом** D или D-**алгебра**, если A - D-модуль и в A определена операция произведения[2.6]
$$f : A \times A \to A$$
где f билинейное отображение
(2.2.1) $$ab = f \circ (a, b)$$
Если A является свободным D-модулем, то A называется **свободной алгеброй над кольцом** D. □

Согласно построениям, выполненным в разделах [6]-4.4.2, [6]-4.4.3, диаграмма представлений D-алгебры имеет вид

(2.2.2)
$$\begin{array}{l} D \xrightarrow{f_{1,2}} A \xrightarrow{f_{2,3}} A \\ \quad\quad \uparrow f_{1,2} \\ \quad\quad D \end{array} \quad \begin{array}{l} f_{1,2}(d) : v \to dv \\ f_{2,3}(v) : w \to C(v, w) \\ C \in \mathcal{L}(A^2; A) \end{array}$$

На диаграмме представлений (2.2.2), D - кольцо, A - абелевая группа. Мы сперва рассматриваем вертикальное представление, а затем горизонтальные.

Теорема 2.2.2. *Произведение в алгебре A дистрибутивно по отношению к сложению.*

Доказательство. Утверждение теоремы следует из цепочки равенств
$$(a + b)c = f \circ (a + b, c) = f \circ (a, c) + f \circ (b, c) = ac + bc$$
$$a(b + c) = f \circ (a, b + c) = f \circ (a, b) + f \circ (a, c) = ab + ac$$
□

Определение 2.2.3. Пусть A_1 и A_2 - алгебры над кольцом D. Линейное отображение
$$f : A_1 \to A_2$$

[2.5] Этот раздел написан на основе раздела [7]-3.2.

[2.6] Я следую определению, приведённому в [15], с. 1, [11], с. 4. Утверждение, верное для произвольного D-модуля, верно также для D-алгебры.

2.2. Алгебра над кольцом

D-модуля A_1 в D-модуль A_2 называется **линейным отображением** D-алгебры A_1 в D-алгебру A_2. Обозначим $\mathcal{L}(D; A_1; A_2)$ множество линейных отображений алгебры A_1 в алгебру A_2. $\square$

Теорема 2.2.4. *Если на D-модуле $\mathcal{L}(D; A; A)$ определить произведение*

$$(2.2.3) \qquad (f \circ g) \circ a = f \circ (g \circ a)$$

то $\mathcal{L}(D; A; A)$ является D-алгеброй.

Доказательство. Из равенств

$$((f_1 + f_2) \circ g) \circ a = (f_1 + f_2) \circ (g \circ a) = f_1 \circ (g \circ a) + f_2 \circ (g \circ a)$$
$$= (f_1 \circ g) \circ a + (f_2 \circ g) \circ a = (f_1 \circ g + f_2 \circ g) \circ a$$
$$((df) \circ g) \circ a = (df) \circ (g \circ a) = d(f \circ (g \circ a))$$
$$= d((f \circ g) \circ a) = (d(f \circ g)) \circ a$$
$$(f \circ (g_1 + g_2)) \circ a = f \circ ((g_1 + g_2) \circ a) = f \circ (g_1 \circ a + g_2 \circ a)$$
$$= f \circ (g_1 \circ a) + f \circ (g_2 \circ a)$$
$$= (f \circ g_1) \circ a + (f \circ g_2) \circ a = (f \circ g_1 + f \circ g_2) \circ a$$
$$(f \circ (dg)) \circ a = f \circ ((dg) \circ a) = f \circ (d(g \circ a)) = d(f \circ (g \circ a))$$
$$= d((f \circ g) \circ a) = (d(f \circ g)) \circ a$$

следует, что отображение $f \circ g$ билинейно. Согласно определению 2.2.1, D-модуль $\mathcal{L}(D; A; A)$ является D-алгеброй. $\square$

Произведение в алгебре может быть ни коммутативным, ни ассоциативным. Следующие определения основаны на определениях, данных в [15], с. 13.

Определение 2.2.5. **Коммутатор**

$$[a, b] = ab - ba$$

служит мерой коммутативности в D-алгебре A. D-алгебра A называется **коммутативной**, если

$$[a, b] = 0$$

$\square$

Определение 2.2.6. **Ассоциатор**

$$(2.2.4) \qquad (a, b, c) = (ab)c - a(bc)$$

служит мерой ассоциативности в D-алгебре A. D-алгебра A называется **ассоциативной**, если

$$(a, b, c) = 0$$

$\square$

Определение 2.2.7. **Ядро D-алгебры** A - это множество[2.7]
$$N(A) = \{a \in A : \forall b, c \in A, (a, b, c) = (b, a, c) = (b, c, a) = 0\}$$

□

Определение 2.2.8. **Центр D-алгебры** A - это множество[2.8]
$$Z(A) = \{a \in A : a \in N(A), \forall b \in A, ab = ba\}$$

□

Теорема 2.2.9. *Пусть $\overline{\overline{e}}$ - базис свободной конечномерной алгебры A над кольцом D. Пусть*
$$a = a^i e_i \quad b = b^i e_i \quad a, b \in A$$
Произведение a, b можно получить согласно правилу

(2.2.5)
$$(ab)^k = C_{ij}^k a^i b^j$$

*где C_{ij}^k - **структурные константы алгебры** A над кольцом D. Произведение базисных векторов в алгебре A определено согласно правилу*

(2.2.6)
$$e_i e_j = C_{ij}^k e_k$$

Доказательство. Равенство (2.2.6) является следствием утверждения, что $\overline{\overline{e}}$ является базисом алгебры A. Так как произведение в алгебре является билинейным отображением, то произведение a и b можно записать в виде

(2.2.7)
$$ab = a^i b^j e_i e_j$$

Из равенств (2.2.6), (2.2.7), следует

(2.2.8)
$$ab = a^i b^j C_{ij}^k e_k$$

Так как $\overline{\overline{e}}$ является базисом алгебры A, то равенство (2.2.5) следует из равенства (2.2.8).

□

2.3. D-алгебра с базисом Гамеля

Если D-модуль A имеет счётный базис $\overline{\overline{e}}$, то бесконечная сумма в D-модуле A, вообще говоря, не определена. Если в D-модуле A не определенно понятие непрерывности, мы будем опираться на следующее определение ([10], с. 223).

Определение 2.3.1. *Пусть D-модуль A имеет счётный базис $\overline{\overline{e}} = \{e_i\}_{i=1}^{\infty}$. Если любой элемент D-модуля A имеет конечное разложение относительно базиса $\overline{\overline{e}}$, а именно, в равенстве*
$$a = a^i e_i$$

[2.7]Определение дано на базе аналогичного определения в [15], с. 13

[2.8]Определение дано на базе аналогичного определения в [15], с. 14

множество значений $a^i \in D$, отличных от 0, конечно, то базис $\bar{\bar{e}}$ называется
базисом Гамеля. Последовательность скаляров $\{a^i\}_{i=1}^{\infty}$ называется **координатами вектора**
$$a = a^i e_i$$
относительно базиса Гамеля $\bar{\bar{e}}$. □

Теорема 2.3.2. *Пусть*
$$f : A_1 \to A_2$$
отображение D-модуля A_1 с базисом Гамеля $\bar{\bar{e}}_1$ в D-модуль A_2 с базисом Гамеля $\bar{\bar{e}}_2$. Пусть f_j^i - координаты отображения f относительно базисов $\bar{\bar{e}}_1$ и $\bar{\bar{e}}_2$. Тогда для любого j, множество значений f_j^i, отличных от 0, конечно.

Доказательство. Утверждение теоремы следует из равенства
$$f \circ e_{1 \cdot j} = f_j^i e_{2 \cdot i}$$
□

Теорема 2.3.3. *Пусть*
$$f : A_1 \to A_2$$
линейное отображение D-модуля A_1 с базисом Гамеля $\bar{\bar{e}}_1$ в D-модуль A_2 с базисом Гамеля $\bar{\bar{e}}_2$. Тогда для любого $a_1 \in A_1$, образ

(2.3.1) $$a_2 = f \circ a_1 \quad a_2^i = a_1^j f_j^i \quad a_2 = a_2^i e_{2 \cdot i}$$

определён корректно.

Доказательство. Пусть

(2.3.2) $$a_1 \in A_1 \quad a_1 = a_1^i e_{1 \cdot i}$$

Согласно определению 2.3.1, множество значений a^j, отличных от 0, конечно. Пусть f_j^i - координаты отображения f относительно базисов $\bar{\bar{e}}_1$ и $\bar{\bar{e}}_2$. Согласно теореме 2.3.2, для любого j, множество значений f_j^i, отличных от 0, конечно. Объединение конечного множества конечных множеств является конечным множеством. Следовательно, множество значений $a_1^j f_j^i$, отличных от 0, конечно. Согласно определению 2.3.1, выражение (2.3.1) является разложением элемента a_2 относительно базиса Гамеля $\bar{\bar{e}}_2$. □

Соглашение 2.3.4. *Пусть $\bar{\bar{e}}$ - базис Гамеля свободной D-алгебры A. Произведение базисных векторов в D-алгебре A определено согласно правилу*

(2.3.3) $$e_i e_j = C_{ij}^k e_k$$

*где C_{ij}^k - **структурные константы** D-алгебры A. Так как произведение векторов базиса $\bar{\bar{e}}$ D-алгебры A является вектором D-алгебры A, то мы требуем, что для любых i, j, множество значений C_{ij}^k, отличных от 0, конечно.* □

Теорема 2.3.5. *Пусть $\bar{\bar{e}}$ - базис Гамеля свободной D-алгебры A. Тогда для любых*

$$a = a^i e_i \quad b = b^i e_i \quad a, b \in A$$

произведение, определённое согласно правилу

(2.3.4) $$(ab)^k = C_{ij}^k a^i b^j$$

определено корректно.

Доказательство. Так как произведение в алгебре является билинейным отображением, то произведение a и b можно записать в виде

(2.3.5) $$ab = a^i b^j e_i e_j$$

Из равенств (2.3.3), (2.3.5), следует

(2.3.6) $$ab = a^i b^j C_{ij}^k e_k$$

Так как $\bar{\bar{e}}$ является базисом алгебры A, то равенство (2.3.4) следует из равенства (2.3.6).

Поскольку базис $\bar{\bar{e}}$ - базис Гамеля, то
- множество значений a^i, отличных от 0, конечно;
- множество значений b^j, отличных от 0, конечно.

Следовательно, множество произведений $a^i b^j$, отличных от 0, конечно. Для любых i, j, множество значений C_{ij}^k, отличных от 0, конечно. Следовательно, произведение определено равенством (2.3.4) корректно. □

Теорема 2.3.6. *Пусть A_1, ..., A_n - свободные алгебры над коммутативным кольцом D. Пусть $\bar{\bar{e}}_i$ - базис Гамеля D-алгебры A_i. Тогда множество векторов $e_{1 \cdot i_1} \otimes ... \otimes e_{n \cdot i_n}$ является базисом Гамеля тензорного произведения $A_1 \otimes ... \otimes A_n$.*

Доказательство. Для доказательства теоремы мы должны рассмотреть диаграмму [7]-(3.6.4), которой мы пользовались для доказательства теоремы [7]-3.6.3

(2.3.7)
$$\begin{array}{ccc} & & M/N \\ & \nearrow f \quad \uparrow j & \\ A_1 \times ... \times A_n & \xrightarrow{i} & M \end{array}$$

Пусть M_1 - модуль над кольцом D, порождённый произведением $A_1 \times ... \times A_n$ D-алгебр A_1, ..., A_n.
- Пусть вектор $b \in M_1$ имеет конечное разложение относительно базиса $A_1 \times ... \times A_n$

$$b = b^i(a_{1 \cdot i}, ..., a_{n \cdot i}) \quad i \in I_1$$

где I_1 - конечное множество. Пусть вектор $c \in M_1$ имеет конечное разложение относительно базиса $A_1 \times ... \times A_n$

$$c = c^i(a_{1 \cdot i}, ..., a_{n \cdot i}) \quad i \in I_2$$

где I_2 - конечное множество. Множество $I = I_1 \cup I_2$ является конечным множеством. Положим

$$b_i = 0 \quad i \in I \setminus I_1$$
$$c_i = 0 \quad i \in I \setminus I_2$$

Тогда

$$b + c = (b^i + c^i)(a_{1 \cdot i}, ..., a_{n \cdot i}) \quad i \in I$$

где I - конечное множество. Аналогично, для $d \in D$

$$db = db^i(a_{1 \cdot i}, ..., a_{n \cdot i}) \quad i \in I_1$$

где I_1 - конечное множество. Следовательно, мы доказали следующее утверждение.[2.9]

Лемма 2.3.7. *Множество M векторов модуля M_1, имеющих конечное разложение относительно базиса $A_1 \times ... \times A_n$, является подмодулем модуля M_1.*

Инъекция

$$i : A_1 \times ... \times A_n \longrightarrow M$$

определена по правилу

(2.3.8) $$i \circ (d_1, ..., d_n) = (d_1, ..., d_n)$$

Пусть $N \subset M$ - подмодуль, порождённый элементами вида

(2.3.9) $\quad (d_1, ..., d_i + c_i, ..., d_n) - (d_1, ..., d_i, ..., d_n) - (d_1, ..., c_i, ..., d_n)$

(2.3.10) $\quad (d_1, ..., ad_i, ..., d_n) - a(d_1, ..., d_i, ..., d_n)$

где $d_i \in A_i$, $c_i \in A_i$, $a \in D$. Пусть

$$j : M \to M/N$$

каноническое отображение на фактормодуль. Поскольку элементы (2.3.9) и (2.3.10) принадлежат ядру линейного отображения j, то из равенства (2.3.8) следует

(2.3.11) $\quad f \circ (d_1, ..., d_i + c_i, ..., d_n) = f \circ (d_1, ..., d_i, ..., d_n) + f \circ (d_1, ..., c_i, ..., d_n)$

(2.3.12) $\quad f \circ (d_1, ..., ad_i, ..., d_n) = a \, f \circ (d_1, ..., d_i, ..., d_n)$

Из равенств (2.3.11) и (2.3.12) следует, что отображение f полилинейно над кольцом D.

[2.9] Множество $A_1 \times ... \times A_n$ не может быть базисом Гамеля, так как это множество не счётно.

Модуль M/N является тензорным произведением $A_1 \otimes ... \otimes A_n$, отображение j имеет вид

(2.3.13) $$j(a_1,...,a_n) = a_1 \otimes ... \otimes a_n$$

и множество тензоров вида $e_{1 \cdot i_1} \otimes ... \otimes e_{n \cdot i_n}$ является счётным базисом модуля M/N. Согласно лемме 2.3.7, произвольный вектор $b \in M$ имеет представление

$$b = b^i(a_{1 \cdot i}, ..., a_{n \cdot i}) \quad i \in I$$

где I - конечное множество. Согласно определению (2.3.13) отображения j

(2.3.14) $$j \circ b = b^i(a_{1 \cdot i} \otimes ... \otimes a_{n \cdot i}) \quad i \in I$$

где I - конечное множество. Так как $\overline{\overline{e}}_k$ - базис Гамеля D-алгебры A_k, то для любого набора индексов $k \cdot i$, в равенстве

$$a_{k \cdot i} = a_{k \cdot i}^{p_k} e_{k \cdot p_k}$$

множество значений $a_{k \cdot i}^{p_k}$, отличных от 0, конечно. Следовательно, равенство (2.3.14) имеет вид

(2.3.15) $$j \circ b = b^i a_{1 \cdot i}^{p_1} ... a_{n \cdot i}^{p_n}(e_{1 \cdot p_1} \otimes ... \otimes e_{n \cdot p_n}) \quad i \in I$$

где множество значений

$$b^i a_{1 \cdot i}^{p_1} ... a_{n \cdot i}^{p_n}$$

отличных от 0, конечно. $\square$

СЛЕДСТВИЕ 2.3.8. *Пусть A_1, ..., A_n - свободные алгебры над коммутативным кольцом D. Пусть $\overline{\overline{e}}_i$ - базис Гамеля D-алгебры A_i. Тогда произвольный тензор $a \in A_1 \otimes ... \otimes A_n$ имеет конечное множество стандартных компонент, отличных от 0.* $\square$

ТЕОРЕМА 2.3.9. *Пусть A_1 - алгебра над кольцом D. Пусть A_2 - свободная ассоциативная алгебра над кольцом D с базисом Гамеля $\overline{\overline{e}}$. Отображение*

(2.3.16) $$g = a \circ f$$

порождённое отображением $f \in \mathcal{L}(D; A_1; A_2)$ посредством тензора $a \in A_2 \otimes A_2$, имеет стандартное представление

(2.3.17) $$g = a^{ij}(e_i \otimes e_j) \circ f = a^{ij} e_i f e_j$$

ДОКАЗАТЕЛЬСТВО. Согласно теореме 2.3.6, стандартное представление тензора a имеет вид

(2.3.18) $$a = a^{ij} e_i \otimes e_j$$

Равенство (2.3.17) следует из равенств (2.3.16), (2.3.18). $\square$

Глава 3

Базис Шаудера

3.1. Топологическое кольцо

Определение 3.1.1. Пусть D - кольцо.[3.1] Множество $Z(D)$ элементов $a \in D$ таких, что

(3.1.1) $$ax = xa$$

для всех $x \in D$, называется **центром кольца** D. □

Теорема 3.1.2. *Центр $Z(D)$ кольца D является подкольцом кольца D.*

Доказательство. Непосредственно следует из определения 3.1.1. □

Определение 3.1.3. Пусть D - кольцо с единицей e.[3.2] Отображение

$$l : Z \to D$$

для которого $l(n) = ne$ будет гомоморфизмом колец, и его ядро является идеалом (n), порождённым целым числом $n \geq 0$. Канонический инъективный гомоморфизм

$$Z/nZ \to D$$

является изоморфизмом между Z/nZ и подкольцом в D. Если nZ - простой идеал, то у нас возникает два случая.

- $n = 0$. D содержит в качестве подкольца кольцо, изоморфное Z и часто отождествляемое с Z. В этом случае мы говорим, что D имеет **характеристику** 0.
- $n = p$ для некоторого простого числа p. D имеет **характеристику** p, и D содержит изоморфный образ $F_p = Z/pZ$.

□

Теорема 3.1.4. *Пусть D - кольцо характеристики 0 и пусть $d \in D$. Тогда любое целое число $n \in Z$ коммутирует с d.*

Доказательство. Утверждение теоремы доказывается по индукции. При $n = 0$ и $n = 1$ утверждение очевидно. Допустим утверждение справедливо при $n = k$. Из цепочки равенств

$$(k+1)d = kd + d = dk + d = d(k+1)$$

следует очевидность утверждения при $n = k + 1$. □

[3.1][2], стр. 84.

[3.2]Определение дано согласно определению из [2], стр. 84, 85.

Теорема 3.1.5. *Пусть D - кольцо характеристики 0. Тогда кольцо целых чисел Z является подкольцом центра $Z(D)$ кольца D.*

Доказательство. Следствие теоремы 3.1.4. □

Определение 3.1.6. Кольцо D называется **топологическим кольцом**[3.3], если D является топологическим пространством, и алгебраические операции, определённые в D, непрерывны в топологическом пространстве D. □

Согласно определению, для произвольных элементов $a, b \in D$ и для произвольных окрестностей W_{a-b} элемента $a - b$, W_{ab} элемента ab существуют такие окрестности W_a элемента a и W_b элемента b, что $W_a - W_b \subset W_{a-b}$, $W_a W_b \subset W_{ab}$.

Определение 3.1.7. **Норма на кольце** D[3.4] - это отображение
$$d \in D \to |d| \in R$$
такое, что
- $|a| \geq 0$
- $|a| = 0$ равносильно $a = 0$
- $|ab| = |a|\,|b|$
- $|a + b| \leq |a| + |b|$

Кольцо D, наделённое структурой, определяемой заданием на D нормы, называется **нормированным кольцом**. □

Инвариантное расстояние на аддитивной группе кольца D
$$d(a, b) = |a - b|$$
определяет топологию метрического пространства, согласующуюся со структурой кольца в D.

Определение 3.1.8. Пусть D - нормированное кольцо. Элемент $a \in D$ называется **пределом последовательности** $\{a_n\}$
$$a = \lim_{n \to \infty} a_n$$
если для любого $\epsilon \in R$, $\epsilon > 0$, существует, зависящее от ϵ, натуральное число n_0 такое, что $|a_n - a| < \epsilon$ для любого $n > n_0$. □

Определение 3.1.9. Пусть D - нормированное кольцо. Последовательность $\{a_n\}$, $a_n \in D$ называется **фундаментальной** или **последовательностью Коши**, если для любого $\epsilon \in R$, $\epsilon > 0$, существует, зависящее от ϵ, натуральное число n_0 такое, что $|a_p - a_q| < \epsilon$ для любых $p, q > n_0$. □

Определение 3.1.10. Нормированное кольцо D называется **полным** если любая фундаментальная последовательность элементов данного кольца сходится, т. е. имеет предел в этом кольце. □

[3.3]Определение дано согласно определению из [13], глава 4

[3.4]Определение дано согласно определению из [12], гл. IX, §3, п°2, а также согласно определению [17]-1.1.12, с. 23.

Пусть D - полное кольцо характеристики 0. Так как операция деления в кольце, вообще говоря, не определена, мы не можем утверждать, что кольцо D содержит подполе рациональных чисел. Мы будем полагать, что рассматриваемое кольцо D содержит поле рациональных чисел. При этом очевидно, что кольцо имеет характеристику 0.

Теорема 3.1.11. *Пусть D - кольцо, содержащее поле рациональных чисел, и пусть $d \in D$. Тогда для любого целого числа $n \in Z$*

$$(3.1.2) \qquad n^{-1}d = dn^{-1}$$

Доказательство. Согласно теореме 3.1.4 справедлива цепочка равенств

$$(3.1.3) \qquad n^{-1}dn = nn^{-1}d = d$$

Умножив правую и левую части равенства (3.1.3) на n^{-1}, получим

$$(3.1.4) \qquad n^{-1}d = n^{-1}dnn^{-1} = dn^{-1}$$

Из (3.1.4) следует (3.1.2). □

Теорема 3.1.12. *Пусть D - кольцо, содержащее поле рациональных чисел, и пусть $d \in D$. Тогда любое рациональное число $p \in Q$ коммутирует с d.*

Доказательство. Мы можем представить рациональное число $p \in Q$ в виде $p = mn^{-1}$, $m, n \in Z$. Утверждение теоремы следует из цепочки равенств

$$pd = mn^{-1}d = n^{-1}dm = dmn^{-1} = dp$$

основанной на утверждении теоремы 3.1.4 и равенстве (3.1.2). □

Теорема 3.1.13. *Пусть D - кольцо, содержащее поле рациональных чисел. Тогда поле рациональных чисел Q является подполем центра $Z(D)$ кольца D.*

Доказательство. Следствие теоремы 3.1.12. □

В дальнейшем, говоря о нормированном кольце характеристики 0, мы будем предполагать, что определён гомеоморфизм поля рациональных чисел Q в кольцо D.

Теорема 3.1.14. *Пусть D - нормированное кольцо характеристики 0 и пусть $d \in D$. Пусть $a \in D$ - предел последовательности $\{a_n\}$. Тогда*

$$\lim_{n \to \infty}(a_n d) = ad$$
$$\lim_{n \to \infty}(da_n) = da$$

ДОКАЗАТЕЛЬСТВО. Утверждение теоремы тривиально, однако я привожу доказательство для полноты текста. Поскольку $a \in D$ - предел последовательности $\{a_n\}$, то согласно определению 3.1.8 для заданного $\epsilon \in R$, $\epsilon > 0$, существует натуральное число n_0 такое, что

$$|a_n - a| < \frac{\epsilon}{|d|}$$

для любого $n > n_0$. Согласно определению 3.1.7 утверждение теоремы следует из неравенств

$$|a_n d - ad| = |(a_n - a)d| = |a_n - a||d| < \frac{\epsilon}{|d|}|d| = \epsilon$$

$$|da_n - da| = |d(a_n - a)| = |d||a_n - a| < |d|\frac{\epsilon}{|d|} = \epsilon$$

для любого $n > n_0$. □

ТЕОРЕМА 3.1.15. *Полное кольцо D характеристики 0 содержит в качестве подполя изоморфный образ поля R действительных чисел. Это поле обычно отождествляют с R.*

ДОКАЗАТЕЛЬСТВО. Рассмотрим фундаментальную последовательность рациональных чисел $\{p_n\}$. Пусть p' - предел этой последовательности в кольце D. Пусть p - предел этой последовательности в поле R. Так как вложение поля Q в тело D гомеоморфно, то мы можем отождествить $p' \in D$ и $p \in R$. □

ТЕОРЕМА 3.1.16. *Пусть D - полное кольцо характеристики 0 и пусть $d \in D$. Тогда любое действительное число $p \in R$ коммутирует с d.*

ДОКАЗАТЕЛЬСТВО. Мы можем представить действительное число $p \in R$ в виде фундаментальной последовательности рациональных чисел $\{p_n\}$. Утверждение теоремы следует из цепочки равенств

$$pd = \lim_{n \to \infty}(p_n d) = \lim_{n \to \infty}(dp_n) = dp$$

основанной на утверждении теоремы 3.1.14. □

3.2. Нормированная D-алгебра

ОПРЕДЕЛЕНИЕ 3.2.1. Пусть D - нормированое коммутативное кольцо.[3.5] **Норма в D-модуле A** - это отображение

$$a \in A \to \|a\| \in R$$

такое, что

3.2.1.1: $\|a\| \geq 0$
3.2.1.2: $\|a\| = 0$ равносильно $a = 0$
3.2.1.3: $\|a + b\| \leq \|a\| + \|b\|$
3.2.1.4: $\|da\| = |d|\|a\|$, $d \in D$, $a \in A$

[3.5]Определение дано согласно определению из [12], гл. IX, §3, п°3. Для нормы мы пользуемся обозначением $|a|$ или $\|a\|$.

D-модуль A, наделённый структурой, определяемой заданием на A нормы, называется **нормированным D-модулем**.

Теорема 3.2.2. *Норма в D-модуле A удовлетворяет равенству*

(3.2.1) $$\|a - b\| \geq \|a\| - \|b\|$$

Доказательство. Из равенства

$$a = (a - b) + b$$

и утверждения 3.2.1.3 следует

(3.2.2) $$\|a\| \leq \|a - b\| + \|b\|$$

Равенство (3.2.1) следует из равенства (3.2.2). □

Определение 3.2.3. Базис $\overline{\overline{e}}$ называется **нормированным базисом**, если $\|e_i\| = 1$ для любого вектора e_i базиса $\overline{\overline{e}}$. □

Определение 3.2.4. Пусть A - нормированный D-модуль. Элемент $a \in A$ называется **пределом последовательности** $\{a_n\}$

$$a = \lim_{n \to \infty} a_n$$

если для любого $\epsilon \in R$, $\epsilon > 0$ существует, зависящее от ϵ, натуральное число n_0 такое, что $\|a_n - a\| < \epsilon$ для любого $n > n_0$. □

Определение 3.2.5. Пусть A - нормированный D-модуль. Последовательность $\{a_n\}$, $a_n \in A$, называется **фундаментальной** или **последовательностью Коши**, если для любого $\epsilon \in R$, $\epsilon > 0$, существует, зависящее от ϵ, натуральное число n_0 такое, что $\|a_p - a_q\| < \epsilon$ для любых $p, q > n_0$. □

Определение 3.2.6. Нормированный D-модуль A называется **банаховым D-модулем** если любая фундаментальная последовательность элементов модуля A сходится, т. е. имеет предел в модуле A. □

Определение 3.2.7. Пусть D - нормированое коммутативное кольцо. Пусть A - D-алгебра. Норма $\|a\|$ в D-модуле A такая, что

(3.2.3) $$\|ab\| \leq \|a\| \|b\|$$

называется **нормой в D-алгебре** A. D-алгебра A, наделённая структурой, определяемой заданием на A нормы, называется **нормированной D-алгеброй**. □

Определение 3.2.8. Нормированная D-алгебра A называется **банаховой D-алгеброй** если любая фундаментальная последовательность элементов алгебры A сходится, т. е. имеет предел в алгебре A. □

Определение 3.2.9. Пусть A - банаховая D-алгебра. Множество элементов $a \in A$, $\|a\| = 1$, называется **единичной сферой в алгебре** A. □

3.3. Нормированный D-модуль $\mathcal{L}(D; A_1; A_2)$

ОПРЕДЕЛЕНИЕ 3.3.1. Отображение
$$f : A_1 \to A_2$$
D-модуля A_1 с нормой $\|x\|_1$ в D-модуль A_2 с нормой $\|y\|_2$ называется **непрерывным**, если для любого сколь угодно малого $\epsilon > 0$ существует такое $\delta > 0$, что
$$\|x' - x\|_1 < \delta$$
влечёт
$$\|f(x') - f(x)\|_2 < \epsilon$$
□

ТЕОРЕМА 3.3.2. *Пусть*[3.6]
$$f : A_1 \to A_2$$
линейное отображение D-модуля A_1 с нормой $\|x\|_1$ в D-модуль A_2 с нормой $\|y\|_2$. Если линейное отображение f непрерывно в $x \in A_1$, то линейное отображение f непрерывно всюду на D-модуле A_1.

ДОКАЗАТЕЛЬСТВО. Пусть $\epsilon > 0$. Согласно определению 3.3.1, существует такое $\delta > 0$, что
(3.3.1) $$\|x' - x\|_1 < \delta$$
влечёт
(3.3.2) $$\|f \circ x' - f \circ x\|_2 < \epsilon$$
Пусть $b \in A_1$. Из равенства (3.3.1) следует
(3.3.3) $$\|(x' + b) - (x + b)\|_1 = \|x' - x\|_1 < \delta$$
Из равенства (3.3.2) следует
(3.3.4) $$\|f \circ (x' + b) - f \circ (x + b)\|_2 = \|(f \circ x' + f \circ b) - (f \circ x + f \circ b)\|_2$$
$$= \|f \circ x' - f \circ x\|_2 < \epsilon$$
Следовательно, линейное отображение f непрерывно в точке $x + b$. □

СЛЕДСТВИЕ 3.3.3. *Линейное отображение*
$$f : A_1 \to A_2$$
нормированного D-модуля A_1 в нормированный D-модуль A_2 непрерывно тогда и только тогда, если оно непрерывно в точке $0 \in A_1$. □

ТЕОРЕМА 3.3.4. *Сумма непрерывных линейных отображений D-модуля A_1 с нормой $\|x\|_1$ в D-модуль A_2 с нормой $\|y\|_2$ является непрерывным линейным отображением.*

[3.6]Эта теорема написана на основе похожей теоремы, [4], страница 174.

ДОКАЗАТЕЛЬСТВО. Пусть
$$f : A_1 \to A_2$$
непрерывное линейное отображение. Согласно следствию 3.3.3 и определению 3.3.1, для заданного $\epsilon > 0$ существует такое $\delta_1 > 0$, что $\|x\|_1 < \delta_1$ влечёт

(3.3.5) $$\|f \circ x\|_2 < \frac{\epsilon}{2}$$

Пусть
$$g : A_1 \to A_2$$
непрерывное линейное отображение. Согласно следствию 3.3.3 и определению 3.3.1, для заданного $\epsilon > 0$ существует такое $\delta_2 > 0$, что $\|x\|_1 < \delta_2$ влечёт

(3.3.6) $$\|g \circ x\|_2 < \frac{\epsilon}{2}$$

Пусть
$$\delta = \min(\delta_1, \delta_2)$$

Из неравенств (3.3.5), (3.3.6) и утверждения 3.2.1.3 следует, что $\|x\|_1 < \delta$ влечёт
$$\|(f+g) \circ x\|_2 = \|f \circ x + g \circ x\|_2 \le \|f \circ x\|_2 + \|g \circ x\|_2 \le \epsilon$$

Следовательно, согласно следствию 3.3.3 и определению 3.3.1, линейное отображение $f + g$ непрерывно. □

ТЕОРЕМА 3.3.5. *Пусть*
$$f : A_1 \to A_2$$
непрерывное линейное отображение D-модуля A_1 с нормой $\|x\|_1$ в D-модуль A_2 с нормой $\|y\|_2$. Произведение отображения f на скаляр $d \in D$ является непрерывным линейным отображением.

ДОКАЗАТЕЛЬСТВО. Согласно следствию 3.3.3 и определению 3.3.1, для заданного $\epsilon > 0$ существует такое $\delta > 0$, что $\|x\|_1 < \delta$ влечёт

(3.3.7) $$\|f \circ x\|_2 < \frac{\epsilon}{d}$$

Из неравенства (3.3.7) и утверждения 3.2.1.4, следует, что $\|x\|_1 < \delta$ влечёт
$$\|(d\,f) \circ x\|_2 = \|d(f \circ x)\|_2 = |d|\,\|f \circ x\|_2 \le \epsilon$$

Следовательно, согласно следствию 3.3.3 и определению 3.3.1, линейное отображение $d\,f$ непрерывно. □

ТЕОРЕМА 3.3.6. *Множество $\mathcal{LC}(D; A_1; A_2)$ непрерывных линейных отображений нормированного D-модуля A_1 в нормированный D-модуль A_2 является D-модулем.*

ДОКАЗАТЕЛЬСТВО. Теорема является следствием теорем 3.3.4, 3.3.5. □

ТЕОРЕМА 3.3.7. *Пусть A_1 - D-модуль с нормой $\|x\|_1$. Пусть A_2 - D-модуль с нормой $\|y\|_2$. Отображение*
$$\mathcal{L}(D; A_1; A_2) \to R$$
определённое равенством

(3.3.8) $$\|f\| = sup\frac{\|f \circ x\|_2}{\|x\|_1}$$

является нормой D-модуля $\mathcal{L}(D; A_1; A_2)$ и называется **нормой отображения** f.

ДОКАЗАТЕЛЬСТВО. Утверждение 3.2.1.1 очевидно.

Пусть $\|f\| = 0$. Согласно определению (3.3.8)
$$\|f \circ x\|_2 = 0$$
для любого $x \in A_1$. Согласно утверждению 3.2.1.2, $f \circ x = 0$ для любого $x \in A_1$. Следовательно, утверждение 3.2.1.2 верно для $\|f\|$.

Согласно определению (2.1.9) и утверждению 3.2.1.3,

(3.3.9)
$$\begin{aligned}\sup\frac{\|(f_1 + f_2) \circ x\|_2}{\|x\|_1} &= \sup\frac{\|f_1 \circ x + f_2 \circ x\|_2}{\|x\|_1} \\ &\leq \sup\frac{\|f_1 \circ x\|_2 + \|f_2 \circ x\|_2}{\|x\|_1} \\ &\leq \sup\frac{\|f_1 \circ x\|_2}{\|x\|_1} + \sup\frac{\|f_2 \circ x\|_2}{\|x\|_1}\end{aligned}$$

Из неравенства (3.3.9) и определения (3.3.8) следует
$$\|f_1 + f_2\| \leq \|f_1\| + \|f_2\|$$
Следовательно, утверждение 3.2.1.3 верно для $\|f\|$.

Согласно определению (2.1.10) и утверждению 3.2.1.4,

(3.3.10) $$\sup\frac{\|(df) \circ x\|_2}{\|x\|_1} = \sup\frac{\|d(f \circ x)\|_2}{\|x\|_1} \leq \sup\frac{|d|\,\|f \circ x\|_2}{\|x\|_1} = |d|\sup\frac{\|f \circ x\|_2}{\|x\|_1}$$

Из неравенства (3.3.10) и определения (3.3.8) следует
$$\|df\| = |d|\,\|f\|$$
Следовательно, утверждение 3.2.1.4 верно для $\|f\|$. $\square$

ТЕОРЕМА 3.3.8. *Пусть D - кольцо с нормой $|d|$. Пусть A - D-модуль с нормой $\|x\|_0$. Отображение*
$$A' \to R$$
определённое равенством
$$\|f\| = sup\frac{|f \circ x|}{\|x\|_0}$$
является нормой D-модуля A' и называется **нормой функционала** f.

ДОКАЗАТЕЛЬСТВО. Теорема является следствием теоремы 3.3.7. $\square$

3.3. Нормированный D-модуль $\mathcal{L}(D; A_1; A_2)$

Теорема 3.3.9. *Пусть D - кольцо с нормой $|d|$. Пусть $\overline{\overline{e}}$ - базис D-модуля A с нормой $\|x\|_1$. Пусть A' - сопряжённый D-модуль с нормой $\|x\|_2$. Тогда*

$$\|e^i\|_2 = \frac{1}{\|e_i\|_1} \tag{3.3.11}$$

Доказательство. Пусть индекс i имеет заданное значение. Пусть $a \in A$. Так как

$$a = (a - a^i e_i) + a^i e_i$$

то согласно утверждению 3.2.1.3

$$\|a\|_1 \le \|a - a^i e_i\|_1 + \|a^i e_i\|_1$$

Если $a = a^i e_i$, то согласно утверждениям 3.2.1.2, 3.2.1.4

$$\|a\|_1 = \|a^i e_i\|_1 = |a^i|\, \|e_i\|_1$$

Следовательно,

$$\|e^i\|_2 = \sup \frac{|e^i \circ a|}{\|a\|_1} = \frac{|a^i|}{|a^i|\, \|e_i\|_1} \tag{3.3.12}$$

Равенство (3.3.11) следует из равенства (3.3.12). $\square$

Следствие 3.3.10. *Пусть $\overline{\overline{e}}$ - нормированный базис нормированного D-модуля A. Базис, двойственный базису $\overline{\overline{e}}$, также является нормированным базисом нормированного D-модуля A'.* $\square$

Теорема 3.3.11. *Пусть $\overline{\overline{e}}_1$ - базис D-модуля A_1 с нормой $\|x\|_1$. Пусть $\overline{\overline{e}}_2$ - базис D-модуля A_2 с нормой $\|x\|_2$. Тогда*

$$\|(e_1^i, e_{2 \cdot j})\| = \frac{\|e_{2 \cdot j}\|_2}{\|e_{1 \cdot i}\|_1} \tag{3.3.13}$$

Доказательство. Пусть индексы i, j имеют заданные значения. Пусть $a \in A_1$. Так как

$$a = (a - a^i e_{1 \cdot i}) + a^i e_{1 \cdot i}$$

то согласно утверждению 3.2.1.3

$$\|a\|_1 \le \|a - a^i e_{1 \cdot i}\|_1 + \|a^i e_{1 \cdot i}\|_1$$

Если $a = a^i e_{1 \cdot i}$, то согласно утверждениям 3.2.1.2, 3.2.1.4

$$\|a\|_1 = \|a^i e_{1 \cdot i}\|_1 = |a^i|\, \|e_{1 \cdot i}\|_1 \tag{3.3.14}$$

Так как

$$(e_1^i, e_{2 \cdot j}) \circ a = a^i e_{2 \cdot j}$$

то согласно утверждению 3.2.1.4

$$\|(e_1^i, e_{2 \cdot j}) \circ a\|_2 = \|a^i e_{2 \cdot j}\|_2 = |a^i|\, \|e_{2 \cdot j}\|_2 \tag{3.3.15}$$

Из равенств (3.3.14), (3.3.15) следует

$$\|(e_1^i, e_{2 \cdot j})\| = \sup \frac{\|(e_1^i, e_{2 \cdot j}) \circ a\|_2}{\|a\|_1} = \frac{|a^i|\, \|e_{2 \cdot j}\|_2}{|a^i|\, \|e_{1 \cdot i}\|_1} \tag{3.3.16}$$

Равенство (3.3.13) следует из равенства (3.3.16). □

Следствие 3.3.12. *Пусть $\overline{\overline{e}}_1$ - нормированный базис D-модуля A_1 с нормой $\|x\|_1$. Пусть $\overline{\overline{e}}_2$ - нормированный базис D-модуля A_2 с нормой $\|x\|_2$. Тогда*
$$\|(e_1^i, e_{2 \cdot j})\| = 1$$
□

Теорема 3.3.13. *Пусть*
$$f : A_1 \to A_2$$
линейное отображение D-модуля A_1 с нормой $\|x\|_1$ в D-модуль A_2 с нормой $\|y\|_2$. Тогда

(3.3.17) $$\|f\| = sup\{\|f \circ x\|_2 : \|x\|_1 = 1\}$$

Доказательство. Из определения 2.1.5 и теорем 3.1.15, 3.1.16 следует

(3.3.18) $$f(rx) = rf(x) \quad r \in R$$

Из равенства (3.3.18) и утверждения 3.2.1.4 следует
$$\frac{\|f(rx)\|_2}{\|rx\|_1} = \frac{|r| \, \|f(x)\|_2}{|r| \, \|x\|_1} = \frac{\|f(x)\|_2}{\|x\|_1}$$

Полагая $r = \dfrac{1}{\|x\|_1}$, мы получим

(3.3.19) $$\frac{\|f(x)\|_2}{\|x\|_1} = \left\| f\left(\frac{x}{\|x\|_1}\right) \right\|_2$$

Равенство (3.3.17) следует из равенств (3.3.19) и (3.3.8). □

Теорема 3.3.14. *Пусть*
$$f : A_1 \to A_2$$
линейное отображение D-модуля A_1 с нормой $\|x\|_1$ в D-модуль A_2 с нормой $\|y\|_2$. Тогда

(3.3.20) $$\|f \circ x\|_2 \leq \|f\| \, \|x\|_1$$

Доказательство. Согласно утверждению 3.2.1.4

(3.3.21) $$\left\| \frac{1}{\|x\|_1} x \right\|_1 = \frac{1}{\|x\|_1} \|x\|_1 = 1$$

Из теоремы 3.3.13 и равенства (3.3.21) следует

(3.3.22) $$\left\| \frac{1}{\|x\|_1} f \circ x \right\|_2 = \left\| f \circ \left(\frac{1}{\|x\|_1} x\right) \right\|_2 \leq \|f\|$$

Из утверждения 3.2.1.4 и равенства (3.3.22) следует

(3.3.23) $$\frac{1}{\|x\|_1} \|f \circ x\|_2 \leq \|f\|$$

Неравенство (3.3.20) следует из неравенства (3.3.23). □

3.3. Нормированный D-модуль $\mathcal{L}(D;A_1;A_2)$

Теорема 3.3.15. *Пусть*[3.7]
$$f: A_1 \to A_2$$
линейное отображение D-модуля A_1 с нормой $\|x\|_1$ в D-модуль A_2 с нормой $\|y\|_2$. Отображение f непрерывно тогда и только тогда, когда $\|f\| < \infty$.

Доказательство. Пусть $\|f\| < \infty$. Поскольку отображение f линейно, то согласно теореме 3.3.7
$$\|f \circ x - f \circ y\|_2 = \|f \circ (x - y)\|_2 \leq \|f\| \, \|x - y\|_1$$
Возьмём произвольное $\epsilon > 0$. Положим $\delta = \dfrac{\epsilon}{\|f\|}$. Тогда из неравенства
$$\|x - y\|_1 < \delta$$
следует
$$\|f \circ x - f \circ y\|_2 \leq \|f\| \, \delta = \epsilon$$
Согласно определению 3.3.1 отображение f непрерывно.

Пусть $\|f\| = \infty$. Согласно теореме 3.3.7, для любого n существует x_n такое, что
$$\|f \circ x_n\|_2 > n \, \|x_n\|_1 \tag{3.3.24}$$
Положим
$$y_n = \frac{1}{n \, \|x_n\|_1} x_n \tag{3.3.25}$$
Согласно определению 2.2.3, утверждению 3.2.1.4, равенству (3.3.25), неравенству (3.3.24)
$$\|f \circ y_n\|_2 = \left\| f \circ \left(\frac{1}{n \, |x_n|_1} x_n \right) \right\|_2 = \frac{1}{n \, \|x_n\|_1} \|f \circ x_n\|_2 > 1$$
Следовательно, отображение f не является непрерывным в точке $0 \in A_1$. □

D-модуль $\mathcal{LC}(D;A_1;A_2)$ является подмодулем D-модуля $\mathcal{L}(D;A_1;A_2)$. Согласно теореме 3.3.15, если
$$f \in \mathcal{L}(D;A_1;A_2) \setminus \mathcal{LC}(D;A_1;A_2)$$
то $\|f\| = \infty$.

Теорема 3.3.16. *Пусть A_1 - D-модуль с нормой $\|x\|_1$. Пусть A_2 - D-модуль с нормой $\|x\|_2$. Пусть A_3 - D-модуль с нормой $\|x\|_3$. Пусть*
$$g: A_1 \to A_2$$
$$f: A_2 \to A_3$$
непрерывные линейные отображения. Отображение $f \circ g$ является непрерывным линейным отображением
$$\|f \circ g\| \leq \|f\| \, \|g\| \tag{3.3.26}$$

[3.7]Эта теорема написана на основе теорем, рассмотренных в [4], страницы 174 - 176.

Доказательство. Согласно определениям (2.2.3), (3.3.8)[3.8]
(3.3.27)
$$\sup\frac{\|(f\circ g)\circ x\|_3}{\|x\|_1}=\sup\frac{\|f\circ(g\circ x)\|_3}{\|x\|_1}=\sup\left(\frac{\|f\circ(g\circ x)\|_3}{\|g\circ x\|_2}\frac{\|g\circ x\|_2}{\|x\|_1}\right)$$
$$\leq\sup\frac{\|f\circ(g\circ x)\|_3}{\|g\circ x\|_2}\sup\frac{\|g\circ x\|_2}{\|x\|_1}$$

Так как, вообще говоря, $g\circ A_1\neq A_2$, то

(3.3.28)
$$\sup\frac{\|f\circ(g\circ x)\|_3}{\|g\circ x\|_2}\leq\sup\frac{\|f\circ y\|_3}{\|y\|_2}$$

Из неравенств (3.3.27), (3.3.28) следует

(3.3.29)
$$\sup\frac{\|(f\circ g)\circ x\|_3}{\|x\|_1}\leq\sup\frac{\|f\circ y\|_3}{\|y\|_2}\sup\frac{\|g\circ x\|_2}{\|x\|_1}$$

Неравенство (3.3.26) следует из неравенства (3.3.29) и определения (3.3.8). □

Теорема 3.3.17. *Нормированный D-модуль $\mathcal{LC}(D;A;A)$ является нормированной D-алгеброй, в которой произведение определено согласно правилу*

$$(f,g)\to f\circ g$$

Доказательство. Доказательство утверждения, что D-модуль $\mathcal{LC}(D;A;A)$ является D-алгеброй, аналогично доказательству теоремы [7]-3.5.5. Согласно определению 3.2.7 и теореме 3.3.16, норма (3.3.8) является нормой на D-алгебре $\mathcal{LC}(D;A;A)$. □

3.4. Нормированный D-модуль $\mathcal{L}(D;A_1,...,A_n;A)$

Определение 3.4.1. Пусть A_i, $i=1,...,n$, - банахова D-алгебра с нормой $\|x\|_i$. Пусть A - банахова D-алгебра с нормой $\|x\|$. Отображение нескольких переменных

$$f:A_1\times...\times A_n\to A$$

называется **непрерывным**, если для любого сколь угодно малого $\epsilon>0$ существует такое $\delta>0$, что

$$\|x'_1-x_1\|_1<\delta\quad...\quad\|x'_n-x_n\|_n<\delta$$

влечёт

$$\|f(x'_1,...,x'_n)-f(x_1,...,x_n)\|<\epsilon$$

□

[3.8]Пусть

$$f_1:A_1\to R\quad f_2:A_1\to R$$

Вообще говоря, отображения f_1, f_2 имеют максимум в различных точках множества A_1. Следовательно,

$$\sup(f_1(x)f_2(x))\leq\sup f_1(x)\sup f_2(x)$$

ТЕОРЕМА 3.4.2. *Сумма непрерывных отображений нескольких переменных является непрерывным отображением нескольких переменных.*

ДОКАЗАТЕЛЬСТВО. Пусть
$$f : A_1 \times ... \times A_n \to A$$
непрерывное отображение нескольких переменных. Согласно определению 3.4.1, для заданного $\epsilon > 0$ существует такое $\delta_1 > 0$, что $\|x'_1 - x_1\|_1 < \delta_1$, ..., $\|x'_n - x_n\|_n < \delta_1$ влечёт

(3.4.1) $$\|f(x'_1, ..., x'_n) - f(x_1, ..., x_n)\| < \frac{\epsilon}{2}$$

Пусть
$$g : A_1 \times ... \times A_n \to A$$
непрерывное отображение нескольких переменных. Согласно определению 3.4.1, для заданного $\epsilon > 0$ существует такое $\delta_2 > 0$, что $\|x'_1 - x_1\|_1 < \delta_2$, ..., $\|x'_n - x_n\|_n < \delta_2$ влечёт

(3.4.2) $$\|g(x'_1, ..., x'_n) - g(x_1, ..., x_n)\| < \frac{\epsilon}{2}$$

Пусть
$$\delta = \min(\delta_1, \delta_2)$$
Из неравенств (3.4.1), (3.4.2) и утверждения 3.2.1.3, следует, что $\|x'_1 - x_1\|_1 < \delta$, ..., $\|x'_n - x_n\|_n < \delta$ влечёт
$$\|(f+g)(x'_1, ..., x'_n) - (f+g)(x_1, ..., x_n)\|$$
$$= \|f(x'_1, ..., x'_n) + g(x'_1, ..., x'_n) - f(x_1, ..., x_n) - g(x_1, ..., x_n)\|$$
$$\leq \|f(x'_1, ..., x'_n) - f(x_1, ..., x_n)\| + \|g(x'_1, ..., x'_n) - g(x_1, ..., x_n)\| \leq \epsilon$$
Следовательно, согласно определению 3.4.1, отображение нескольких переменных $f + g$ непрерывно. $\square$

ТЕОРЕМА 3.4.3. *Сумма непрерывных полилинейных отображений является непрерывным полилинейным отображением.*

ДОКАЗАТЕЛЬСТВО. Утверждение теоремы следует из теорем [8]-1.6, 3.4.2. $\square$

ТЕОРЕМА 3.4.4. *Произведение непрерывного отображения f нескольких переменных на скаляр $d \in D$ является непрерывным отображением нескольких переменных.*

ДОКАЗАТЕЛЬСТВО. Пусть
$$f : A_1 \times ... \times A_n \to A$$
непрерывное отображение нескольких переменных. Согласно определению 3.4.1, для заданного $\epsilon > 0$ существует такое $\delta > 0$, что $\|x'_1 - x_1\|_1 < \delta$, ..., $\|x'_n - x_n\|_n < \delta$ влечёт

(3.4.3) $$\|f(x'_1, ..., x'_n) - f(x_1, ..., x_n)\| < \frac{\epsilon}{d}$$

Из неравенства (3.4.3) и утверждения 3.2.1.4, следует, что $\|x'_1 - x_1\|_1 < \delta$, ..., $\|x'_n - x_n\|_n < \delta$ влечёт

$$\|(d\,f)(x'_1, ..., x'_n) - (d\,f)(x_1, ..., x_n)\| = \|df(x'_1, ..., x'_n) - df(x_1, ..., x_n)\|$$
$$= |d|\,\|f(x'_1, ..., x'_n) - f(x_1, ..., x_n)\| \leq \epsilon$$

Следовательно, согласно определению 3.4.1, отображение $d\,f$ непрерывно. □

ТЕОРЕМА 3.4.5. *Произведение непрерывного полилинейного отображения f на скаляр $d \in D$ является непрерывным полилинейным отображением.*

ДОКАЗАТЕЛЬСТВО. Утверждение теоремы следует из теорем [8]-1.8, 3.4.4. □

ТЕОРЕМА 3.4.6. *Множество $\mathcal{C}(D; A_1, ..., A_n; A)$ непрерывных отображений нескольких переменных является D-модулем.*

ДОКАЗАТЕЛЬСТВО. Теорема является следствием теорем 3.4.2, 3.4.4. □

ТЕОРЕМА 3.4.7. *Множество $\mathcal{LC}(D; A_1, ..., A_n; A)$ непрерывных полилинейных отображений является D-модулем.*

ДОКАЗАТЕЛЬСТВО. Теорема является следствием теорем 3.4.3, 3.4.5. □

Пусть A_1 - D-модуль с нормой $\|x\|_1$. Пусть A_2 - D-модуль с нормой $\|x\|_2$. Пусть A_3 - D-модуль с нормой $\|x\|_3$. Так как $\mathcal{L}(D; A_2; A_3)$ - D-модуль с нормой $\|f\|_{2 \cdot 3}$, то мы можем рассмотреть непрерывное отображение

(3.4.4) $$h : A_1 \to \mathcal{L}(D; A_2; A_3)$$

Если $a_1 \in A_1$, то

$$h \circ a_1 : A_2 \to A_3$$

непрерывное отображение. Согласно теореме 3.3.14

(3.4.5) $$\|a_3\|_3 \leq \|h \circ a_1\|_{2 \cdot 3} \|a_2\|_2$$

Так как $\mathcal{L}(D; A_1; \mathcal{L}(D; A_2; A_3))$ нормированный D-модуль, то согласно теореме 3.3.14

(3.4.6) $$\|h \circ a_1\|_{2 \cdot 3} \leq \|h\|\,\|a_1\|_1$$

Из неравенств (3.4.5), (3.4.6) следует

(3.4.7) $$\|a_3\|_3 \leq \|h\|\,\|a_1\|_1\,\|a_2\|_2$$

Мы можем рассматривать отображение (3.4.4) как билинейное отображение

(3.4.8) $$f : A_1 \times A_2 \to A_3$$

определённое согласно правилу

$$f \circ (a_1, a_2) = (h \circ a_1) \circ a_2$$

Опираясь на теоремы 3.3.7, 3.3.14 и неравенство (3.4.7), мы определим норму билинейного отображения f равенством

(3.4.9) $$\|f\| = \sup \frac{\|f \circ (a_1, a_2)\|_3}{\|a_1\|_1 \|a_2\|_2}$$

Применяя индукцию по числу переменных, мы можем обобщить определение нормы билинейного отображения.

ОПРЕДЕЛЕНИЕ 3.4.8. Пусть A_i, $i = 1, ..., n$, - банахова D-алгебра с нормой $\|x\|_i$. Пусть A - банахова D-алгебра с нормой $\|x\|$. Пусть

$$f : A_1 \times ... \times A_n \to A$$

- полилинейное отображение. Величина

(3.4.10) $$\|f\| = \sup \frac{|f(x)|}{\|x\|_1 ... \|x\|_n}$$

называется **нормой полилинейного отображения** f. □

ТЕОРЕМА 3.4.9. *Пусть A_i, $i = 1, ..., n$, - банахов D-модуль с нормой $\|x\|_i$. Пусть A - банахов D-модуль с нормой $\|x\|$. Пусть*

$$f : A_1 \times ... \times A_n \to A$$

полилинейное отображение. Тогда

(3.4.11) $$\|f\| = sup\{\|f \circ (x_1, ..., x_n)\| : \|x_i\|_i = 1, 1 \leq i \leq n\}$$

ДОКАЗАТЕЛЬСТВО. Из определения 2.1.13 и теорем 3.1.15, 3.1.16 следует

(3.4.12) $$f(r_1 x_1, ..., r_n x_n) = r_1 ... r_n f(x_1, ..., x_n) \quad r_1, ..., r_n \in R$$

Из равенства (3.4.12) и утверждения 3.2.1.4 следует

$$\frac{\|f(r_1 x_1, ..., r_n x_n)\|}{\|r_1 x_1\|_1 ... \|r_n x_n\|_n} = \frac{|r_1| ... |r_n| \, \|f(x_1, ..., x_n)\|}{|r_1| \, \|x\|_1 ... |r_n| \, \|x_n\|_n} = \frac{\|f(x_1, ..., x_n)\|}{\|x_1\|_1 ... \|x_n\|_n}$$

Полагая $r = \dfrac{1}{\|x\|_1}$, мы получим

(3.4.13) $$\frac{\|f(x_1, ..., x_n)\|}{\|x\|_1 ... \|x\|_n} = \left\| f\left(\frac{x_1}{\|x_1\|_1}, ..., \frac{x_n}{\|x_n\|_n}\right) \right\|$$

Равенство (3.4.11) следует из равенств (3.4.13) и (3.4.10). □

ТЕОРЕМА 3.4.10. *Пусть A_i, $i = 1, ..., n$, - банахов D-модуль с нормой $\|x\|_i$. Пусть A - банахов D-модуль с нормой $\|x\|$. Пусть*

$$f : A_1 \times ... \times A_n \to A$$

полилинейное отображение. Тогда

(3.4.14) $$\|f \circ (x_1, ..., x_n)\| \leq \|f\| \, \|x_1\|_1 ... \|x_n\|_n$$

ДОКАЗАТЕЛЬСТВО. Согласно утверждению 3.2.1.4
$$\left\|\frac{1}{\|x_1\|_1}x_1\right\|_1 = \frac{1}{\|x_1\|_1}\|x_1\|_1 = 1 \quad ... \quad \left\|\frac{1}{\|x_n\|_n}x_n\right\|_n = \frac{1}{\|x_n\|_n}\|x_n\|_n = 1 \tag{3.4.15}$$

Из теоремы 3.4.9 и равенства (3.4.15) следует
$$\left\|\frac{1}{\|x_1\|_1...\|x_n\|_n}f\circ(x_1,...,x_n)\right\| = \left\|f\circ\left(\frac{1}{\|x_1\|_1}x_1,...,\frac{1}{\|x_n\|_n}x_n\right)\right\| \le \|f\| \tag{3.4.16}$$

Из утверждения 3.2.1.4 и равенства (3.4.16) следует
$$\frac{1}{\|x_1\|_1...\|x_n\|_n}\|f\circ(x_1,...,x_n)\| \le \|f\| \tag{3.4.17}$$

Неравенство (3.4.14) следует из неравенства (3.4.17). □

Пусть A_i, $i=1,...,n$, - банахов D-модуль с нормой $\|x\|_i$. Пусть A - банахов D-модуль с нормой $\|x\|$. Мы можем представить полилинейное отображение
$$f: A_1 \times ... \times A_n \to A$$
в следующем виде
$$f\circ(x_1,...,x_n) = (h\circ(x_1,...,x_{n-1}))\circ x_n \tag{3.4.18}$$
где
$$h: A_1 \times ... \times A_{n-1} \to \mathcal{L}(D; A_n; A)$$
полилинейное отображение.

ТЕОРЕМА 3.4.11. *Если отображение f непрерывно, то отображение $h\circ(a_1,...,a_{n-1})$ также непрерывно.*

ДОКАЗАТЕЛЬСТВО. Согласно определению 3.4.1, для любого сколь угодно малого $\epsilon > 0$ существует такое $\delta > 0$, что
$$\|x'_1 - x_1\|_1 < \delta \quad ... \quad \|x'_n - x_n\|_n < \delta$$
влечёт
$$\|f\circ(x'_1,...,x'_n) - f\circ(x_1,...,x_n)\| < \epsilon$$
Следовательно, для любого сколь угодно малого $\epsilon > 0$ существует такое $\delta > 0$, что $\|x'_n - x_n\|_n < \delta$ влечёт
$$\|f\circ(x_1,...,x_{n-1},x'_n) - f\circ(x_1,...,x_{n-1},x_n)\| < \epsilon \tag{3.4.19}$$
Из равенства (3.4.18) и неравенства (3.4.19) следует, что для любого сколь угодно малого $\epsilon > 0$ существует такое $\delta > 0$, что $\|x'_n - x_n\|_n < \delta$ влечёт
$$\|(h\circ(x_1,...,x_{n-1}))\circ x'_n - (h\circ(x_1,...,x_{n-1}))\circ x_n\| < \epsilon$$
Согласно определению 3.3.1, отображение $h\circ(x_1,...,x_{n-1})$ непрерывно. □

ТЕОРЕМА 3.4.12. *Если отображение f непрерывно, то отображение h также непрерывно.*

ДОКАЗАТЕЛЬСТВО. Согласно определению 3.4.1, для любого сколь угодно малого $\epsilon > 0$ существует такое $\delta > 0$, что

$$\|x'_1 - x_1\|_1 < \delta \quad ... \quad \|x'_n - x_n\|_n < \delta$$

влечёт

$$\|f \circ (x'_1, ..., x'_n) - f \circ (x_1, ..., x_n)\| < \epsilon$$

Следовательно, для любого сколь угодно малого $\epsilon > 0$ существует такое $\delta > 0$, что

$$\|x'_1 - x_1\|_1 < \delta \quad ... \quad \|x'_{n-1} - x_{n-1}\|_{n-1} < \delta$$

влечёт

(3.4.20) $$\|f \circ (x'_1, ..., x'_{n-1}, x_n) - f \circ (x_1, ..., x_{n-1}, x_n)\| < \epsilon \|x_n\|_n$$

Из равенства (3.4.18) и неравенства (3.4.20) следует, что для любого сколь угодно малого $\epsilon > 0$ существует такое $\delta > 0$, что

$$\|x'_1 - x_1\|_1 < \delta \quad ... \quad \|x'_{n-1} - x_{n-1}\|_{n-1} < \delta$$

влечёт

(3.4.21) $$\begin{aligned}&\|(h \circ (x'_1, ..., x'_{n-1})) \circ x_n - (h \circ (x_1, ..., x_{n-1})) \circ x_n\| \\ =&\|(h \circ (x'_1, ..., x'_{n-1}) - h \circ (x_1, ..., x_{n-1})) \circ x_n\| \\ <&\epsilon \|x_n\|_n\end{aligned}$$

Из неравенства (3.4.21) следует, что для любого сколь угодно малого $\epsilon > 0$ существует такое $\delta > 0$, что

$$\|x'_1 - x_1\|_1 < \delta \quad ... \quad \|x'_{n-1} - x_{n-1}\|_{n-1} < \delta$$

влечёт

(3.4.22) $$\frac{\|(h \circ (x'_1, ..., x'_{n-1}) - h \circ (x_1, ..., x_{n-1})) \circ x_n\|}{\|x_n\|_n} < \epsilon$$

Согласно определению (3.3.8)

(3.4.23) $$\begin{aligned}&\|h \circ (x'_1, ..., x'_{n-1}) - h \circ (x_1, ..., x_{n-1})\| \\ \leq& \frac{\|(h \circ (x'_1, ..., x'_{n-1}) - h \circ (x_1, ..., x_{n-1})) \circ x_n\|}{\|x_n\|_n}\end{aligned}$$

Из неравенств (3.4.22), (3.4.23) следует, что для любого сколь угодно малого $\epsilon > 0$ существует такое $\delta > 0$, что

$$\|x'_1 - x_1\|_1 < \delta \quad ... \quad \|x'_{n-1} - x_{n-1}\|_{n-1} < \delta$$

влечёт

(3.4.24) $$\|h \circ (x'_1, ..., x'_{n-1}) - h \circ (x_1, ..., x_{n-1})\| < \epsilon$$

Согласно определению 3.3.1, отображение h непрерывно. □

3. Базис Шаудера

Теорема 3.4.13.
$$f \in \mathcal{LC}(D; A_1, ..., A_n; A)$$
тогда и только тогда, когда
$$h \in \mathcal{LC}(D; A_1, ..., A_{n-1}; \mathcal{LC}(D; A_n; A))$$

Замечание 3.4.14. Другими словами, полилинейное отображение f непрерывно тогда и только тогда, когда отображение h непрерывно и для любых $a_1 \in A_1$, ..., $a_{n-1} \in A_{n-1}$ отображение $h \circ (a_1, ..., a_{n-1})$ непрерывно.

Доказательство. Утверждение, что из непрерывности отображения f следует непрерывность отображений h и $h \circ (a_1, ..., a_{n-1})$, следует из теорем 3.4.11, 3.4.12.

Пусть отображения h и $h \circ (a_1, ..., a_{n-1})$ непрерывны. Согласно определению 3.4.1, чтобы доказать непрерывность отображения f, мы должны оценить разность

(3.4.25) $$\|f \circ (x'_1, ..., x'_n) - f \circ (x_1, ..., x_n)\|$$

при условии

(3.4.26) $$\|x'_1 - x_1\|_1 < \delta \quad ... \quad \|x'_n - x_n\|_n < \delta$$

Согласно равенству (3.4.18),

(3.4.27) $$\begin{aligned}&f \circ (x'_1, ..., x'_n) - f \circ (x_1, ..., x_n)\\ =&(h \circ (x'_1, ..., x'_{n-1})) \circ x'_n - (h \circ (x_1, ..., x_{n-1})) \circ x_n\\ =&(h \circ (x'_1, ..., x'_{n-1})) \circ x'_n - (h \circ (x'_1, ..., x'_{n-1})) \circ x_n\\ &+(h \circ (x'_1, ..., x'_{n-1})) \circ x_n - (h \circ (x_1, ..., x_{n-1})) \circ x_n\end{aligned}$$

Согласно равенству (3.4.27) и утверждению 3.2.1.4,

(3.4.28) $$\begin{aligned}&\|f \circ (x'_1, ..., x'_n) - f \circ (x_1, ..., x_n)\|\\ \leq &\|(h \circ (x'_1, ..., x'_{n-1})) \circ x'_n - (h \circ (x'_1, ..., x'_{n-1})) \circ x_n\|\\ &+\|(h \circ (x'_1, ..., x'_{n-1})) \circ x_n - (h \circ (x_1, ..., x_{n-1})) \circ x_n\|\end{aligned}$$

Согласно определению 3.3.1, для любого сколь угодно малого $\epsilon > 0$ существует такое $\delta_1 > 0$, что $\|x'_n - x_n\|_n < \delta_1$ влечёт

(3.4.29) $$\|(h \circ (x'_1, ..., x'_{n-1})) \circ x'_n - (h \circ (x'_1, ..., x'_{n-1})) \circ x_n\| < \frac{\epsilon}{2}$$

Рассмотрим второе слагаемое в правой части неравенства (3.4.28).
3.4.13.1: Если $x_n = 0$, то
$$\|(h \circ (x'_1, ..., x'_{n-1})) \circ x_n - (h \circ (x_1, ..., x_{n-1})) \circ x_n\| = 0 < \frac{\epsilon}{2}$$

3.4.13.2: Поэтому мы положим $x_n \neq 0$. Согласно определению 3.4.1, для любого сколь угодно малого $\epsilon > 0$ существует такое $\delta_2 > 0$, что $\|x_i' - x_i\|_i < \delta_2$, $1 \leq i < n$ влечёт

$$\|h \circ (x_1', ..., x_{n-1}') - h \circ (x_1, ..., x_{n-1})\| < \frac{\epsilon}{2\|x_n\|_n} \quad (3.4.30)$$

Из неравенств (3.4.30), (3.3.20), следует

$$\begin{aligned}&\|(h \circ (x_1', ..., x_{n-1}')) \circ x_n - (h \circ (x_1, ..., x_{n-1})) \circ x_n\| \\ =&\|(h \circ (x_1', ..., x_{n-1}') - h \circ (x_1, ..., x_{n-1})) \circ x_n\| \\ <&\frac{\epsilon}{2\|x_n\|_n}\|x_n\|_n = \frac{\epsilon}{2}\end{aligned} \quad (3.4.31)$$

Следовательно, в обоих случаях 3.4.13.1, 3.4.13.2, для любого сколь угодно малого $\epsilon > 0$ существует такое $\delta_2 > 0$, что $\|x_i' - x_i\|_i < \delta_2$, $1 \leq i < n$ влечёт

$$\|(h \circ (x_1', ..., x_{n-1}')) \circ x_n - (h \circ (x_1, ..., x_{n-1})) \circ x_n\| < \frac{\epsilon}{2} \quad (3.4.32)$$

Пусть

$$\delta = \min(\delta_1, \delta_2)$$

Из неравенств (3.4.28), (3.4.29), (3.4.32) следует, что для любого сколь угодно малого $\epsilon > 0$ существует такое $\delta > 0$, что

$$\|x_1' - x_1\|_1 < \delta \quad ... \quad \|x_n' - x_n\|_n < \delta$$

влечёт

$$\|f \circ (x_1', ..., x_n') - f \circ (x_1, ..., x_n)\| < \epsilon$$

Согласно определению 3.4.1, отображение f непрерывно. $\square$

Теорема 3.4.15. *Пусть A_i, $i = 1, ..., n$, - банахов D-модуль с нормой $\|x\|_i$. Пусть A - банахов D-модуль с нормой $\|x\|$. Пусть*

$$f : A_1 \times ... \times A_n \to A$$

полилинейное отображение. Пусть

$$h : A_1 \times ... \times A_{n-1} \to \mathcal{L}(D; A_n; A)$$

полилинейное отображение такое, что

$$f \circ (x_1, ..., x_n) = (h \circ (x_1, ..., x_{n-1})) \circ x_n \quad (3.4.33)$$

Тогда

$$\|f\| = \|h\| \quad (3.4.34)$$

Доказательство. Согласно определению 3.4.8

$$\|h \circ (x_1, ..., x_{n-1})\| \leq \|h\|\,\|x_1\|_1 ... \|x_{n-1}\|_{n-1} \quad (3.4.35)$$

Согласно теореме 3.3.14

$$\|f \circ (x_1, ..., x_n)\| = \|(h \circ (x_1, ..., x_{n-1})) \circ x_n\| \leq \|h \circ (x_1, .., x_{n-1})\|\,\|x_n\|_n \quad (3.4.36)$$

Из неравенств (3.4.35), (3.4.36) следует
$$(3.4.37) \qquad \|f \circ (x_1, ..., x_n)\| \leq \|h\| \, \|x_1\|_1 ... \|x_n\|_n$$

Согласно теореме 3.4.10
$$(3.4.38) \qquad \|f \circ (x_1, ..., x_n)\| \leq \|f\| \, \|x_1\|_1 ... \|x_n\|_n$$

Опираясь на теорему 3.4.10 и неравенства (3.4.37), (3.4.38), мы имеем неравенство
$$(3.4.39) \qquad \|f\| \leq \|h\|$$

Из равенства (3.4.33) и неравенства (3.4.38) следует, что
$$(3.4.40) \qquad \frac{\|(h \circ (x_1, ..., x_{n-1})) \circ x_n\|}{\|x_n\|_n} \leq \|f\| \, \|x_1\|_1 ... \|x_{n-1}\|_{n-1}$$

Из определения 3.4.8 и неравенства (3.4.40) следует, что
$$(3.4.41) \qquad \|h \circ (x_1, ..., x_{n-1})\| \leq \|f\| \, \|x_1\|_1 ... \|x_{n-1}\|_{n-1}$$

Опираясь на теорему 3.4.10 и неравенства (3.4.35), (3.4.41), мы имеем неравенство
$$(3.4.42) \qquad \|h\| \leq \|f\|$$

Равенство (3.4.34) следует из неравенств (3.4.39), (3.4.42). $\square$

Теорема 3.4.16. *Полилинейное отображение f непрерывно тогда и только тогда, когда $\|f\| < \infty$.*

Доказательство. Мы докажем теорему индукцией по числу n аргументов отображения f. Для $n = 1$, теорема является следствием теоремы 3.3.15.

Пусть теорема верна для $n = k - 1$. Пусть A_i, $i = 1, ..., k$, - банахов D-модуль с нормой $\|x\|_i$. Пусть A - банахов D-модуль с нормой $\|x\|$. Мы можем представить полилинейное отображение
$$f : A_1 \times ... \times A_k \to A$$
в следующем виде
$$f \circ (a_1, ..., a_k) = (h \circ (a_1, ..., a_{k-1})) \circ a_k$$
где
$$h : A_1 \times ... \times A_{k-1} \to \mathcal{L}(D; A_k; A)$$
полилинейное отображение. Согласно теореме 3.4.12, отображение h является непрерывным полилинейным отображением $k-1$ переменной. Согласно предположению индукции $\|h\| < \infty$. Согласно теореме 3.4.15, $\|f\| = \|h\| < \infty$. $\square$

3.5. D-алгебра с базисом Шаудера

Определение 3.5.1. Пусть A - банахов D-модуль.[3.9] Последовательность векторов $\overline{\overline{e}} = \{e_i\}_{i=1}^{\infty}$ называется **базисом Шаудера**, если

- Множество векторов e_i линейно независимо.
- Для каждого вектора $a \in A$ существует единственная последовательность $\{a^i\}_{i=1}^{\infty}, a^i \in D,$ такая, что

$$a = a^i e_i = \lim_{n\to\infty} \sum_{i=1}^{n} a^i e_i$$

Последовательность $\{a^i\}_{i=1}^{\infty}, a^i \in D,$ называется **координатами вектора**

$$a = a^i e_i$$

относительно базиса Шаудера $\overline{\overline{e}}$. □

Пусть $\overline{\overline{e}}$ - базис Шаудера банахова D-модуля A. Мы будем говорить, что **разложение**

$$a = a^i e_i$$

вектора $a \in A$ **относительно базиса** $\overline{\overline{e}}$ **сходится**.

Теорема 3.5.2. *Пусть $\overline{\overline{e}}$ - базис Шаудера банахова D-модуля A. Тогда $\|a\| < \infty$ для любого вектора $a \in A$.*

Доказательство. Из теоремы 3.2.2 следует, что если $\|a\| = \infty$, то мы не можем определить $\|a - b\|$. Следовательно, мы не можем разложить a относительно базиса Шаудера. □

Теорема 3.5.3. *Пусть $\overline{\overline{e}}$ - базис Шаудера банахова D-модуля A. Пусть a_i - координаты вектора a относительно базиса $\overline{\overline{e}}$. Тогда для любого $\epsilon \in R$, $\epsilon > 0$, существует, зависящее от ϵ, натуральное число n_0 такое, что*

$$(3.5.1) \qquad \left\| \sum_{i=p}^{\infty} a^i e_i \right\| < \epsilon$$

$$(3.5.2) \qquad \left\| \sum_{i=p}^{q} a^i e_i \right\| < \epsilon$$

для любых $p, q > n_0$.

Доказательство. Неравенство (3.5.1) является следствием определений 3.2.4, 3.5.1. Неравенство (3.5.2) является следствием определений 3.2.5, 3.5.1. □

Теорема 3.5.4. *Пусть $a_i \in A$, $i \in I$, конечное семейство векторов банахова D-модуля A с базисом Шаудера $\overline{\overline{e}}$. Тогда*[3.10]

$$(3.5.3) \qquad span(a_i, i \in I) \subset A$$

[3.9] Определение 3.5.1 дано на основе определения [1]-4.6, с. 182, и леммы [1]-4.7, с. 183.

[3.10] Смотри определение [5]-4.5.1 линейной оболочки в векторном пространстве.

ДОКАЗАТЕЛЬСТВО. Для доказательства утверждения (3.5.3) нам достаточно доказать следующие утверждения.

- Если $a_1, a_2 \in A$, то $a_1 + a_2 \in A$.

  Так как $a_1, a_2 \in A$, то, согласно теореме 3.5.3, существует, зависящее от ϵ, натуральное число n_0 такое, что

$$(3.5.4) \quad \left\| \sum_{i=p}^{q} a_1^i e_i \right\| < \frac{\epsilon}{2} \quad \left\| \sum_{i=p}^{q} a_2^i e_i \right\| < \frac{\epsilon}{2}$$

для любых $p, q > n_0$. Из неравенств (3.5.4) следует

$$(3.5.5) \quad \left\| \sum_{i=p}^{q} (a_1^i + a_2^i) e_i \right\| = \left\| \sum_{i=p}^{q} (a_1^i e_i + a_2^i e_i) \right\| < \left\| \sum_{i=p}^{q} a_1^i e_i \right\| + \left\| \sum_{i=p}^{q} a_2^i e_i \right\| < \epsilon$$

Из неравенства (3.5.5) следует, что последовательность

$$(3.5.6) \quad \sum_{i=p}^{q} (a_1^i + a_2^i) e_i$$

является фундаментальной.

- Если $a \in A$, $d \in D$, то $d\, a \in A$.

  Так как $a \in A$, $d \in D$, то, согласно теореме 3.5.3, существует, зависящее от ϵ, натуральное число n_0 такое, что

$$(3.5.7) \quad \left\| \sum_{i=p}^{q} a^i e_i \right\| < \frac{\epsilon}{|d|}$$

для любых $p, q > n_0$. Из неравенства (3.5.7) следует

$$(3.5.8) \quad \left\| \sum_{i=p}^{q} d\, a^i e_i \right\| < |d| \left\| \sum_{i=p}^{q} a^i e_i \right\| < \epsilon$$

Из неравенства (3.5.8) следует, что последовательность

$$(3.5.9) \quad \sum_{i=p}^{q} d\, a^i e_i$$

является фундаментальной.

$\square$

ТЕОРЕМА 3.5.5. *Пусть $\overline{\overline{e}}$ - базис Шаудера банахова D-модуля A. Тогда*

$$\|e_i\| < \infty$$

для любого вектора e_i.

ДОКАЗАТЕЛЬСТВО. Пусть для $i = j$, $\|e_j\| = \infty$. Для любого $n > j$

$$\left\| \sum_{i=1}^{n} a^i e_i \right\| < \sum_{i=1}^{n} \|a^i e_i\| = \sum_{i=1}^{n} |a^i|\, \|e_i\| = \infty$$

если для последовательности $\{a^i\}_{i=1}^{\infty}$, $a^i \in D$, верно, что $a^j \neq 0$. Поэтому мы не можем сказать, определён ли вектор

$$a = a^i e_i$$

□

Не нарушая общности, мы можем положить, что базис $\overline{\overline{e}}$ нормирован. Если предположить, что норма вектора e_i отлична от 1, то мы можем этот вектор заменить вектором

$$e'_i = \frac{1}{\|e_i\|} e_i$$

Согласно следствию 3.3.10, двойственный базис также является нормированным.

ТЕОРЕМА 3.5.6. *Пусть $\overline{\overline{e}}$ - нормированый базис Шаудера банахова D-модуля A. Пусть $\{a^i\}_{i=1}^{\infty}$, $a^i \in D$, - такая последовательность, что*

$$\sum_{i=1}^{\infty} |a^i| < \infty$$

Тогда существует предел[3.11]

(3.5.10) $$a = a^i e_i = \lim_{n \to \infty} \sum_{i=1}^{n} a^i e_i$$

ДОКАЗАТЕЛЬСТВО. Сущесвование предела (3.5.10) следует из неравенства

(3.5.11) $$\left\| \sum_{i=1}^{n} a^i e_i \right\| < \sum_{i=1}^{n} |a^i| \, \|e_i\| = \sum_{i=1}^{n} |a^i|$$

так как неравенство (3.5.11) сохраняется при предельном переходе $n \to \infty$.

□

Пусть $\overline{\overline{e}}$ - нормированый базис Шаудера банахова D-модуля A. Если

$$\sum_{i=1}^{\infty} |a^i| < \infty$$

то мы будем говорить, что **разложение**

$$a = a^i e_i$$

[3.11]Смотри аналогичные теоремы [3], страница 60, [14], страницы 264, 295, [9], страницы 293, 302.

вектора $a \in A$ **относительно базиса** $\overline{\overline{e}}$ **сходится нормально**.[3.12] Обозначим

$$A^+(\overline{\overline{e}}) = \{a \in A : a = a^i\, e_i,\ \sum_{i=1}^{\infty} |a^i| < \infty\}$$

множество векторов, разложение которых относительно базиса $\overline{\overline{e}}$ сходится нормально.

Теорема 3.5.7. *Пусть $\overline{\overline{e}}$ - нормированый базис Шаудера банахова D-модуля A. Если разложение вектора $a \in A$ относительно базиса $\overline{\overline{e}}$ сходится нормально, то*

(3.5.12) $$\|a\| < \sum_{i=1}^{\infty} |a^i|$$

Доказательство. Из утверждения 3.2.1.3 следует, что

(3.5.13) $$\|a\| < \sum_{i=1}^{\infty} |a^i|\, \|e_i\|$$

Неравенство (3.5.12) следует из неравенства (3.5.13) и утверждения, что базис Шаудера $\overline{\overline{e}}$ является нормальным базисом. □

Теорема 3.5.8. *Пусть*
$$f : A_1 \to A_2$$
отображение D-модуля A_1 с базисом $\overline{\overline{e}}_1$ в D-модуль A_2 с базисом Шаудера $\overline{\overline{e}}_2$. Пусть f^i_j - координаты отображения f относительно базисов $\overline{\overline{e}}_1$ и $\overline{\overline{e}}_2$. Тогда последовательность

(3.5.14) $$\sum_{i=1}^{n} f^i_j\, e_{2 \cdot i}$$

имеет предел для любого j.

Доказательство. Утверждение теоремы следует из равенства
$$f \circ e_{1 \cdot j} = f^i_j\, e_{2 \cdot i}$$

□

Теорема 3.5.9. *Пусть*
$$f : A_1 \to A_2$$
отображение D-модуля A_1 с нормой $\|x\|_1$ и нормированным базисом $\overline{\overline{e}}_1$ в D-модуль A_2 с нормой $\|y\|_2$ и базисом Шаудера $\overline{\overline{e}}_2$. Тогда

(3.5.15) $$\|f \circ e_{1 \cdot i}\|_2 \le \|f\|$$

для любого i.

[3.12] Определение нормальной сходимости разложения вектора относительно базиса похоже на определение нормальной сходимости ряда. Смотри [16], страница 12.

3.5. D-алгебра с базисом Шаудера

Доказательство. Согласно теореме 3.3.7 и определению 3.2.3, неравенство (3.5.15) следует из неравенства

$$\|f \circ e_{1 \cdot i}\|_2 \leq \|f\| \, \|e_{1 \cdot i}\|_1$$

□

Замечание 3.5.10. Теорема 3.5.8 определяет ограничение на координаты отображения D-модуля с базисом Шаудера. Однако это ограничение можно сделать более строгим. Пусть A_1 - D-модуль с нормированным базисом Шаудера $\overline{\overline{e}}_1$. Пусть A_2 - D-модуль с нормированным базисом Шаудера $\overline{\overline{e}}_2$. Согласно теореме 2.1.12, D-модуль $\mathcal{L}(D; A_1; A_2)$ имеет базис $(e_1^j, e_{2 \cdot i})$. Поскольку базис D-модуля $\mathcal{L}(D; A_1; A_2)$ является счётным базисом и D-модуль $\mathcal{L}(D; A_1; A_2)$ имеет норму, мы требуем, чтобы рассматриваемый базис был базисом Шаудера. Согласно определению 3.5.1, существует предел

$$(3.5.16) \qquad \lim_{m \to \infty} \lim_{n \to \infty} \sum_{j=1}^{m} \sum_{i=1}^{n} f_j^i (e_1^j, e_{2 \cdot i})$$

Из существования предела (3.5.16) следует существование предела последовательности (3.5.14). Однако из существования предела (3.5.16) также следует что

$$\lim_{j \to \infty} \left\| \sum_{i=1}^{n} f_j^i e_{2 \cdot i} \right\|_2 = 0$$

□

Теорема 3.5.11. *Пусть*

$$f : A_1 \to A_2$$

линейное отображение D-модуля A_1 с нормой $\|x\|_1$ и нормированным базисом Шаудера $\overline{\overline{e}}_1$ в D-модуль A_2 с нормой $\|y\|_2$ и нормированным базисом Шаудера $\overline{\overline{e}}_2$. Для любого $\epsilon \in R$, $\epsilon > 0$, существуют n, m такие, что

$$(3.5.17) \qquad |f_j^i| < \epsilon \quad i > n \quad j > m$$

Доказательство. Согласно замечанию 3.5.10, множество отображений $(e_1^i, e_{2 \cdot j})$ является базисом Шаудера D-модуля $\mathcal{L}(D; A_1; A_2)$. Следовательно, разложение

$$f = f_i^j (e_1^i, e_{2 \cdot j})$$

отображения f сходится. Согласно теореме 3.5.3, для любого $\epsilon \in R$, $\epsilon > 0$, существуют n, m такие, что

$$(3.5.18) \qquad \|f_j^i (e_1^i, e_{2 \cdot j})\| < \epsilon \quad i > n \quad j > m$$

Согласно следствию 3.3.12, неравенство (3.5.17) следует из неравенства (3.5.18).

□

Теорема 3.5.12. *Пусть*
$$f : A_1 \to A_2$$
линейное отображение D-модуля A_1 с нормой $\|x\|_1$ и нормированным базисом Шаудера $\overline{\overline{e}}_1$ в D-модуль A_2 с нормой $\|y\|_2$ и нормированным базисом Шаудера $\overline{\overline{e}}_2$. Существует $F < \infty$ такое, что

(3.5.19) $$|f^i_j| \le F$$

Доказательство. Согласно теореме 3.5.11, для заданого $\epsilon \in R$, $\epsilon > 0$, существуют n, m такие, что
$$|f^i_j| < \epsilon \quad i > n \quad j > m$$
Так как n, m конечны, то существует
$$F_1 = \max\{|f^i_j|, 1 \le i \le n, 1 \le j \le m\}$$
Мы получим неравенство (3.5.19), если положим
$$F = \max(F_1, \epsilon)$$
□

Теорема 3.5.13. *Пусть*
$$f : A_1 \to A_2$$
линейное отображение D-модуля A_1 с нормой $\|x\|_1$ и нормированным базисом Шаудера $\overline{\overline{e}}_1$ в D-модуль A_2 с нормой $\|y\|_2$ и базисом Шаудера $\overline{\overline{e}}_2$. Пусть $\|f\| < \infty$. Тогда для любого

(3.5.20) $$a_1 \in A_1^+(\overline{\overline{e}}_1) \quad a_1 = a_1^i\, e_{1 \cdot i}$$

образ

(3.5.21) $$a_2 = f \circ a_1 \quad a_2^i = a_1^j f^i_j \quad a_2 = a_2^i\, e_{2 \cdot i}$$

определён корректно, $a_2 \in A_2^+(\overline{\overline{e}}_2)$.

Доказательство. Из равенства (3.5.20) и теоремы 3.5.9 следует

(3.5.22) $$\sum_{i=1}^\infty |a_2^i| = \sum_{i=1}^\infty |a_1^i|\, \|f \circ e_{1 \cdot i}\|_2 < \|f\| \sum_{i=1}^\infty |a_1^i| < \infty$$

Из неравенства (3.5.22) следует

(3.5.23) $$\sum_{i=1}^\infty |a_2^i| = \sum_{i=1}^\infty |a_1^i f^j_i|\, \|e_{1 \cdot i}\|_2 = \sum_{i=1}^\infty |a_1^i f^j_i| < \infty$$

Согласно теореме 3.5.6, образ $a_1 \in A_1$ при отображении f определён корректно. □

Замечание 3.5.14. Из доказательства теоремы 3.5.13, мы видим, что требование нормальной сходимости разложения вектора относительно нормального базиса является существенным. Согласно замечанию 3.5.10, если A_i, $i = 1, 2$, - D-модуль с нормированным базисом Шаудера $\overline{\overline{e}}_i$, то множество $\mathcal{L}(D; A_1; A_2)$ является D-модулем с нормированным базисом Шаудера $(\overline{\overline{e}}_1, \overline{\overline{e}}^2)$. Мы будем обозначать $\mathcal{L}^+(D; A_1(\overline{\overline{e}}_1); A_2(\overline{\overline{e}}_2))$ множество линейных отображений, разложение которых относительно базиса $(\overline{\overline{e}}_1, \overline{\overline{e}}^2)$ сходится нормально. □

Теорема 3.5.15. *Пусть A_1 - D-модуль с нормой $\|x\|_1$ и нормированным базисом Шаудера $\overline{\overline{e}}_1$. Пусть A_2 - D-модуль с нормой $\|x\|_2$ и нормированным базисом Шаудера $\overline{\overline{e}}_2$. Пусть отображение*

$$f \in \mathcal{L}^+(D; A_1(\overline{\overline{e}}_1); A_2(\overline{\overline{e}}_2))$$

Тогда

$$\|f\| < \sum_{i=1}^{\infty} \sum_{j=1}^{\infty} |f_j^i|$$

Доказательство. Согласно следствию 3.3.12, базис $(\overline{\overline{e}}_1, \overline{\overline{e}}^2)$ является нормированным базисом Шаудера. Теорема следует из теоремы 3.5.7. □

Следствие 3.5.16. *Пусть A_1 - D-модуль с нормой $\|x\|_1$ и нормированным базисом Шаудера $\overline{\overline{e}}_1$. Пусть A_2 - D-модуль с нормой $\|x\|_2$ и нормированным базисом Шаудера $\overline{\overline{e}}_2$. Пусть отображение*

$$f \in \mathcal{L}^+(D; A_1(\overline{\overline{e}}_1); A_2(\overline{\overline{e}}_2))$$

Тогда $\|f\| < \infty$. □

Теорема 3.5.17. *Пусть $a_i \geq 0$, $b_i \geq 0$, $i = 1, ..., n$. Тогда*

$$(3.5.24) \quad \sum_{i=1}^{n} a_i b_i < \sum_{i=1}^{n} a_i \sum_{i=1}^{n} b_i$$

Доказательство. Докажем теорему индукцией по n.

Неравество (3.5.24) для $n = 2$ является следствием неравенства

$$(3.5.25) \quad a_1 b_1 + a_2 b_2 \leq (a_1 + a_2)(b_1 + b_2) = a_1 b_1 + \underline{a_1 b_2 + a_2 b_1} + a_2 b_2$$

Пусть неравенство (3.5.24) верно для $n = k - 1$. Неравенство

$$(3.5.26) \quad \sum_{i=1}^{k-1} a_i b_i + a_k b_k \leq \left(\sum_{i=1}^{k-1} a_i + a_k\right)\left(\sum_{i=1}^{k-1} b_i + b_k\right)$$

является следствием неравенства (3.5.25). Из неравенства (3.5.26) следует, что неравенство (3.5.24) верно для $n = k$. □

Теорема 3.5.18. *Пусть $a_i \geq 0$, $b_i \geq 0$, $i = 1, ..., \infty$. Тогда*

$$(3.5.27) \quad \sum_{i=1}^{\infty} a_i b_i < \sum_{i=1}^{\infty} a_i \sum_{i=1}^{\infty} b_i$$

Доказательство. Теорема является следствием теоремы 3.5.17 когда $n \to \infty$. □

Теорема 3.5.19. *Пусть A_i, $i = 1, 2, 3$, - D-модуль с нормой $\|x\|_i$ и нормированным базисом Шаудера $\overline{\overline{e}}_i$. Пусть отображение*

$$f \in \mathcal{L}^+(D; A_1(\overline{\overline{e}}_1); A_2(\overline{\overline{e}}_2))$$

Пусть отображение

$$g \in \mathcal{L}^+(D; A_2(\overline{\overline{e}}_2); A_3(\overline{\overline{e}}_3))$$

Тогда отображение

$$g \circ f \in \mathcal{L}^+(D; A_1(\overline{\overline{e}}_1); A_3(\overline{\overline{e}}_3))$$

Доказательство. Согласно утверждению 3.2.1.3

$$(3.5.28) \quad |(g \circ f)^i_j| = \left| \sum_{k=1}^{\infty} g^i_k f^k_j \right| \le \sum_{k=1}^{\infty} |g^i_k f^k_j|$$

Из теоремы 3.5.18 и неравенства (3.5.28) следует, что

$$(3.5.29) \quad |(g \circ f)^i_j| \le \sum_{k=1}^{\infty} |g^i_k| \sum_{k=1}^{\infty} |f^k_j|$$

Из неравенства (3.5.29) следует

$$(3.5.30) \quad \sum_{i=1}^{\infty} \sum_{j=1}^{\infty} |(g \circ f)^i_j| \le \sum_{i=1}^{\infty} \sum_{j=1}^{\infty} \left(\sum_{k=1}^{\infty} |g^i_k| \sum_{k=1}^{\infty} |f^k_j| \right)$$
$$= \left(\sum_{i=1}^{\infty} \sum_{k=1}^{\infty} |g^i_k| \right) \left(\sum_{j=1}^{\infty} \sum_{k=1}^{\infty} |f^k_j| \right) < \infty$$

Теорема следует из неравенства (3.5.30). □

Теорема 3.5.20. *Пусть A_i, $i = 1, ..., n$, - D-модуль с нормой $\|x\|_i$ и нормированным базисом Шаудера $\overline{\overline{e}}_i$. Пусть A - D-модуль с нормой $\|x\|$ и нормированным базисом Шаудера $\overline{\overline{e}}$. Пусть*

$$f : A_1 \times ... \times A_n \to A$$

полилинейное отображение, $\|f\| < \infty$. Пусть $a_i \in A_i^+(\overline{\overline{e}}_i)$. Тогда

$$a = f \circ (a_1, ..., a_n) \quad a \in A^+(\overline{\overline{e}})$$

Доказательство. Мы докажем утверждение теоремы индукцией по n. Для $n = 1$ утверждение теоремы следует из теоремы 3.5.13.
Пусть утверждение теоремы справедливо для $n = k - 1$. Пусть

$$f : A_1 \times ... \times A_{k-1} \to A$$

полилинейное отображение, $\|f\| < \infty$. Мы можем представить отображение f в виде композиции отображений

$$f \circ (a_1, ..., a_k) = (h \circ (a_1, ..., a_{k-1})) \circ a_k$$

3.5. D-алгебра с базисом Шаудера

Согласно теореме 3.4.15, $\|h\| < \infty$. Согласно предположению индукции
$$h \circ (x_1, ..., x_{k-1}) \in \mathcal{L}^+(D; A_k; A)$$
Согласно теореме 3.4.10,
$$\|h \circ (x_1, ..., x_{k-1})\| < \infty$$
Согласно теореме 3.5.13
$$(h \circ (x_1, ..., x_{k-1})) \circ x_k \in A^+(e)$$
□

Согласно определению [7]-3.2.1, алгебра - это модуль, в котором произведение определено как билинейное отображение
$$xy = C(x, y)$$
Мы будем требовать
$$\|C\| < \infty$$

Соглашение 3.5.21. *Пусть $\overline{\overline{e}}$ - базис Шаудера свободной D-алгебры A. Произведение базисных векторов в D-алгебре A определено согласно правилу*
$$(3.5.31) \qquad e_i e_j = C_{ij}^k e_k$$
*где C_{ij}^k - **структурные константы** D-алгебры A. Так как произведение векторов базиса $\overline{\overline{e}}$ D-алгебры A является вектором D-алгебры A, то мы требуем, что последовательность*
$$\sum_{k=1}^{\infty} C_{ij}^k e_k$$
имеет предел для любых i, j. □

Теорема 3.5.22. *Пусть $\overline{\overline{e}}$ - базис Шаудера свободной D-алгебры A. Тогда для любых*
$$a = a^i e_i \quad b = b^i e_i \quad a, b \in A^+(\overline{\overline{e}})$$
произведение, определённое согласно правилу
$$(3.5.32) \qquad (ab)^k = C_{ij}^k a^i b^j$$
определено корректно. При этом условии
$$a, b \in A^+(\overline{\overline{e}}) \Rightarrow ab \in A^+(\overline{\overline{e}})$$

Доказательство. Так как произведение в алгебре является билинейным отображением, то произведение a и b можно записать в виде
$$(3.5.33) \qquad ab = a^i b^j e_i e_j$$
Из равенств (3.5.31), (3.5.33), следует
$$(3.5.34) \qquad ab = a^i b^j C_{ij}^k e_k$$

Так как $\overline{\overline{e}}$ является базисом алгебры A, то равенство (3.5.32) следует из равенства (3.5.34).

Из теоремы 3.5.20 следует, что
$$a, b \in A^+(\overline{\overline{e}}) => ab \in A^+(\overline{\overline{e}})$$

□

Глава 4

Список литературы

[1] Marián Fabian, Petr Habala, Petr Hájek, Vicente Montesinos, Václav Zizler. Banach Space Theory: The Basis for Linear and Nonlinear Analysis. Springer; New York, 2010; ISBN-13: 978-1441975140

[2] Серж Ленг, Алгебра, М. Мир, 1968

[3] Г. Е. Шилов. Математический анализ, Функции одного переменного, часть 3, М., Наука, 1970

[4] А. Н. Колмогоров, С. В. Фомин. Элементы теории функций и функционального анализа. М., Наука, 1976

[5] Александр Клейн, Лекции по линейной алгебре над телом,
eprint arXiv:math.GM/0701238 (2010)

[6] Александр Клейн, Представление универсальной алгебры,
eprint arXiv:0912.3315 (2010)

[7] Александр Клейн, Линейные отображения свободной алгебры,
eprint arXiv:1003.1544 (2010)

[8] Александр Клейн, Полилинейное отображение свободной алгебры,
eprint arXiv:1011.3102 (2010)

[9] В. И. Смирнов, Курс высшей математики, том первый.
М., Наука, 1974

[10] Cyrus D. Cantrell, Modern mathematical methods for physicists and engineers.
Cambridge University Press, 2000

[11] John C. Baez, The Octonions,
eprint arXiv:math.RA/0105155 (2002)

[12] Н. Бурбаки, Общая топология. Использование вещественных чисел в общей топологии.
перевод с французского С. Н. Крачковского под редакцией Д. А. Райкова,
М. Наука, 1975

[13] Понтрягин Л. С., Непрерывные группы, М. Едиториал УРСС, 2004

[14] Фихтенгольц Г. М., Курс дифференциального и интегрального исчисления, том 2, М. Наука, 1969

[15] Richard D. Schafer, An Introduction to Nonassociative Algebras, Dover Publications, Inc., New York, 1995

[16] Анри Картан. Дифференциальное исчисление. Дифференциальные формы.
М. Мир, 1971

[17] V. I. Arnautov, S. T. Glavatsky, A. V. Mikhalev, Introduction to the theory of topological rings and modules, Volume 1995, Marcel Dekker, Inc, 1996

Глава 5

Предметный указатель

D-алгебра 12
D-линейный функционал 10
D-модуль 7

алгебра над кольцом 12
ассоциативная D-алгебра 13
ассоциатор D-алгебры 13

базис Гамеля 15
базис модуля 8
базис Шаудера 39
базис, двойственный базису 11
банахова D-алгебра 23
банаховый D-модуль 23

единичная сфера в D-алгебре 23

закон ассоциативности для D-модуля 7
закон дистрибутивности для D-модуля 8
закон унитарности для D-модуля 8

кольцо имеет характеристику 0 19
кольцо имеет характеристику p 19
коммутативная D-алгебра 13
коммутатор D-алгебры 13
координаты вектора относительно базиса Гамеля 15
координаты вектора относительно базиса Шаудера 39

линейно зависимые векторы 8
линейно независимые векторы 8
линейное отображение 8, 13
линейный функционал 10

модуль над кольцом 7

непрерывное отображение 24
непрерывное отображение нескольких переменных 30
норма в D-алгебре 23
норма в D-модуле 22

норма на кольце 20
норма отображения 26
норма полилинейного отображения 33
норма функционала 26
нормированная D-алгебра 23
нормированное кольцо 20
нормированный D-модуль 23
нормированный базис 23

полилинейное отображение 12
полное кольцо 20
последовательность Коши 20, 23
предел последовательности 20, 23
произведение отображения на скаляр 10

разложение вектора относительно базиса сходится 39
разложение вектора относительно базиса сходится нормально 42

свободная алгебра над кольцом 12
свободный модуль над кольцом 8
сопряжённый D-модуль 10
структурные константы 14, 15, 47
сумма линейных отображений 9

топологическое кольцо 20

фундаментальная последовательность 20, 23

центр D-алгебры A 14
центр кольца D 19

эффективное представление кольца 7

ядро D-алгебры A 14

Глава 6

Специальные символы и обозначения

$A^+(\overline{\overline{e}})$ множество векторов, разложение которых относительно базиса $\overline{\overline{e}}$ сходится нормально 42

(a, b, c) ассоциатор D-алгебры 13
$[a, b]$ коммутатор D-алгебры 13
A' сопряжённый D-модуль 10

$\{a^i\}_{i=1}^{\infty}$ координаты вектора a относительно базиса Гамеля 15

$\|a\|$ норма в D-модуле 22

$\{a^i\}_{i=1}^{\infty}$ координаты вектора a относительно базиса Шаудера 39

$\mathcal{C}(D; A_1, ..., A_n; A)$ множество непрерывных отображений нескольких переменных 32
C_{ij}^k структурные константы 14, 15, 47

df произведение отображения на скаляр 10

$(e_1^i, e_{2 \cdot j})$ базис D-модуля $\mathcal{L}(D; A_1; A_2)$ 11
$\{e_i\}_{i=1}^{\infty}$ базис Гамеля 14

$\{e_i\}_{i=1}^{\infty}$ базис Шаудера 39

$\|f\|$ норма функционала 26
$\|f\|$ норма отображения 26
$\|f\|$ норма полилинейного отображения 33
$f + g$ сумма линейных отображений 9

$\lim\limits_{n \to \infty} a_n$ предел последовательности 20, 23

$\mathcal{LC}(D; A_1; A_2)$ множество непрерывных линейных отображений 25
$\mathcal{LC}(D; A_1, ..., A_n; A)$ множество непрерывных полилинейных отображений 32
$\mathcal{L}(D; A_1; A_2)$ множество линейных отображений 13

$N(A)$ ядро D-алгебры A 14

$Z(A)$ центр D-алгебры A 14
$Z(D)$ центр кольца D 19

www.ingramcontent.com/pod-product-compliance
Lightning Source LLC
Chambersburg PA
CBHW050815180526
45159CB00004B/1670